INTELLIGENZA ARTIFICIALE

Per conoscere l'essenziale

Un testo divulgativo che consente al lettore di comprenderne le origini e gli aspetti più importanti di una tecnologia che sta invadendo il nostro mondo.

****

Libri ed articoli gratuiti: https://ettoreaccenti.blogspot.com/

****

INTELLIGENZA ARTIFICIALE

Il nuovo capitolo aperto per l'umanità

Serie: panoramica tecnologie 19

Disponibile in formato eBook e brossura su Amazon

Ettore Accenti

Linkedin: Ettore Accenti
Blog: http://ettoreaccenti.blogspot.ch/

DISTIWORLD PUBLISHING
Lugano Switzerland

www.distiworld.com

Ettore Accenti

Intelligenza Artificiale - Il nuovo capitolo aperto per l'umanità

Edizione italiana

ISBN: 9798676744007

Dedica

A mia moglie Eva, che ha corretto il testo e fornito molti utili suggerimenti sul contenuto ... dopo averlo letto, faticosamente.

Sommario

L'AUTORE

Fin dall'età scolare sono rimasto affascinato dal mistero insito nell'Astronomia e nell'Astrofisica e guardavo e fotografavo spesso il cielo notturno e tutto quell'infinito sfavillare di luci.

Questo amore per l'ignoto mi ha portato a soddisfare sempre la mia curiosità leggendo i libri di Astronomia che trovavo nella vecchia biblioteca di famiglia ed in particolare "L'Astronomia popolare" del 1885, scritta dal famoso astronomo francese Camillo Flammarion, che ancora conservo gelosamente.

Inoltre, durante i miei numerosi viaggi, non perdevo occasione per visitare osservatori astronomici come Monte Palomar e musei scientifici.

Una laurea al Politecnico di Milano in ingegneria e poi una complessa famiglia e la mia attività come imprenditore nel mondo della tecnologia hanno limitato questo mio hobby che comunque non ho mai abbandonato.

Ora, con i quattro figli indipendenti, i dieci nipotini ben accuditi dai rispettivi genitori ed una moglie che si occupa delle cose di tutti i giorni, tra lo scrivere un libro di cucina ed un altro di archeologia ed eccezionale correttrice delle mie bozze, posso tranquillamente dedicarmi alla ricerca ed alla pubblicazione dell'oggetto della mia passione: le tecnologie.

PREMESSA

Seguo da anni gli sviluppi di tutto quello che oggi va sotto il titolo di "Intelligenza Artificiale" e da tre anni ne pubblico articoli su due riviste, una tecnica del Politecnico di Milano ed una economica Svizzera.

Pervenni inconsciamente alla sua utilità nei primi anni Ottanta quando sviluppai assieme ad alcuni tecnici un programma per simulare con un computer l'attività il pensiero di un manager aziendale che doveva decidere quantità da ordinare ai fornitori (vedi Appendice 2).

Si trattava di un esempio pratico di intelligenza artificiale e riuscimmo allo scopo con grandi sforzi e costi.

Da allora ne ho seguito lo sviluppo e negli ultimi anni il mio interesse si è trasformato in un vero e proprio studio grazie al quale ho potuto creare articoli di un certo interesse. Ho deciso di sfruttare tutto il materiale raccolto, quanto pubblicato e detto per predisporre una serie di libri specificamente dedicati all'Intelligenza Artificiale.

Questo primo volume che definirei propedeutico vuole dare al lettore una prima infarinatura senza appesantirlo con complesse analisi tecniche a cui provvederanno i prossimi volumi in progettazione.

Queste 190 pagine spaziano da argomenti storici a descrizione degli argomenti fondamentali come Big Data, Machine Learning, Swarm AI ecc. il tutto mantenendo una certa rigorosità e, dove necessario, rimandando a link internet.

L'argomento sta invadendo ogni angolo della comunicazione pubblica e scientifica, a volte con considerazioni fuorvianti, spesso divinizzandola ed altrettanto spesso creando infondate paure sul suo futuro utilizzo. Rimaniamo coi piedi per terra!

Siamo di fronte ad un'altra sfida tecnologica che l'umanità dovrà sfruttare a suo beneficio come è avvenuto con l'elettricità, il motore, l'elettronica, internet e che è senz'altro importante capire, soprattutto da parte dei giovani che si accingono ad entrare nel mondo del lavoro.

Personalmente ho vissuto il periodo dell'invenzione del microprocessor del 1971, oggi cuore di apparecchi che due miliardi di persone portano in tasca poi l'era di internet con cui tre miliardi di persone comunicano, presto vedremo l'Intelligenza Artificiale interessare anche i rimanenti quattro miliardi di terrestri, vedrete!

Con questa serie cercherò di dare all'argomento AI il più realistico posizionamento, evitando quanto leggo spesso sui giornali non specializzati che ne forniscono una visione o catastrofica o salvifica.

IMPORTANTE: in questa serie dedicata all'Intelligenza Artificiale userò la terminologia e gli acronimi inglesi come AI (Artificial Intelligence), Big Data, ecc. perché sono ormai i termini più comunemente utilizzati nella documentazione tecnica.

Inoltre userò il corsivo per quegli argomenti un po' specialistici dedicati ai tecnici e che il lettore non interessato può saltare senza che perda il senso del discorso.

VITA, NATURA ED INTELLIGENZA

Il titolo di questo capitolo potrà sembrare avulso dal mondo tecnologico di cui tratteremo, ma non è così, vedrete. Cominciamo con l'affermare quanto le definizioni semantiche possano portare a delle conclusioni strane o, peggio, assurde. Partirò proprio dalla più classica delle domande se sia possibile considerare una macchina come vivente e con intelligenza propria.

Anticipando quanto vedremo in un prossimo capitolo, lo scienziato Alan Turing nel 1950 introdusse un famoso test che affermava, semplificando molto, che "per determinare se una macchina fosse intelligente era sufficiente valutare se i suoi risultati risultassero indistinguibili dai risultati di un soggetto umano".

Sembrerebbe ragionevole ma questo test, che ancora oggi ha la sua utilità, è ritenuto concettualmente superato ed a volte fuorviante. Il senso comune ci suggerisce subito come sicuramente questo non sia sufficiente per definire "intelligente" un robot, eppure questo semplice test ha delle profonde implicazioni filosofiche.

Un po' come le monadi che il filosofo Leibniz introdusse nel suo trattato di metafisica e di cui se ne parla al liceo nel corso di filosofia. Cosa diceva Leibniz? Che noi siamo ingannati, che non esiste causa ed effetto, ma che tutto l'universo è costituito da elementi sincronizzati, autonomi, che lui chiamava appunto "monadi" e che a noi, dall'esterno, appaiono avere fra loro azioni che provocano effetti illusori.

Affermava sempre Leibniz, come in realtà le monadi siano completamente isolate fra loro, ma che la sincronizzazione dovuta a qualcosa al loro interno faccia credere all'osservatore esterno che per ogni effetto ci sia una causa. In questo modo le monadi creerebbero, sempre secondo Leibniz, quello che chiamava "armonia prestabilita".

Si tratta di un ragionamento puramente astratto, filosofico, anzi metafisico, che a noi appare assurdo ma è difficile dimostrare col puro ragionamento se Leibniz avesse ragione o torto.

Se ci pensiamo bene, il test di Turing rientra in questa fattispecie di difficoltà: è intelligente tutto ciò che ci appare tale? Se quel test di Turing viene generalizzato troppo ecco che entriamo più nella fantascienza che nella scienza. Ancora oggi il dibattito su cosa sia la vera intelligenza umana è aperto e lo resterà a lungo.

Ma come abbiamo premesso nel titolo, anche la domanda di che cosa sia la vita e se possa essere estesa alle macchine rimane una questione tutt'altro che trascurabile. Appare ovvio cosa sia la vita e come sia facile differenziarla dal mondo inanimato, ma quando tentiamo di farlo per estendere l'applicazione della definizione ecco che sorgono delle situazioni incredibili.

Tempo addietro ho avuto per le mani un documento veramente interessante su questa questione la cui logica mi ha impressionato e mi ha permesso di capire come delle semplici definizioni possano portare a conseguenze che porterebbero le macchine che costruiamo ad essere considerate vive.

In quel documento che trattava appunto dell'Intelligenza Artificiale, si partiva da una definizione della vita a prima vista condivisibile e cioè affermava come: "La vita, per essere tale, deve potersi riprodurre ed evolvere". Definizione semplice, chiara ed apparentemente inequivocabile. L'autore di quel testo, estremizzando il concetto, citava l'automobile, un oggetto che nessuno penserebbe mai di considerare come vivente e dimostrava che quella definizione comportava come anche l'automobile fosse un essere "vivente".

Seguiamone il ragionamento: in base alla definizione citata l'auto cresce e si evolve e se qualcuno obbietta che però gli esseri viventi nascono ed evolvono secondo un programma specifico che oggi sappiamo essere il DNA, anche le auto in fondo nascono, crescono e si evolvono secondo un programma che gli ingegneri scrivono sulla carta o in un computer.

Un'obiezione aggiuntiva potrebbe essere che gli esseri viventi richiedono un ambiente complesso per vivere, devono esserci intorno altri individui e tanti elementi da cui ottenere aiuto per la loro funzionalità e quindi sopravvivenza. Ma, di nuovo, anche l'automobile si evolve in ambienti complessi, ha bisogno di miniere di ferro, di rame, di carburante, di riparatori e molto altro.

Sì, ma gli esseri viventi si auto-riproducono in base ad un processo il cui schema è contenuto nel DNA. Ma se guardiamo bene anche le automobili si riproducono in base a schemi contenuti in appositi manuali, in progetti contenuti in sistemi informatici che, a loro volta, ne descrivono il processo per essere generate.

La vita per riprodursi ha bisogno di altri organismi viventi come i batteri ed altri … ma anche l'automobile per riprodursi ha bisogno di una schiera di operai e di tecnici … e così via.

Questo discorso potrebbe continuare all'infinito ed anche se apparentemente assurdo, dimostra quanto sia delicato l'appoggiare la nostra conoscenza a delle semplici "definizioni semantiche" e quindi come sia facile scivolare su piani pericolosi paragonando l'intelligenza umana a quella artificiale basandoci su definizioni dell'intelligenza stessa.

Dobbiamo quindi stare molto in guardia quando, soprattutto sull'argomento dell'intelligenza artificiale, si traggono delle conclusioni generalizzando le definizioni stesse dovute spesso al termine "intelligenza" inserito in una tecnologia che essenzialmente non è altro che l'informatica moderna. Anche il test di Turing cade in questo equivoco perché attribuisce "intelligenza" a macchine in modo soggettivo, quando afferma che "è intelligente quello che mi convince di essere intelligente mentre lo osservo".

Per uscire da questo circolo vizioso si sono sviluppate definizioni molto sofisticate per quanto riguarda l'intelligenza vera, anche di tipo matematico, definizioni teoriche che non fanno parte dello scopo di questo libro, ma che è bene sapere che esistono, anche se si sa che nemmeno esse comprendono appieno quanto superiori noi siamo con la nostra mente.

Detto quanto sopra, e da tecnici, teniamo ben presente che il nostro obiettivo è sempre e solo quello di produrre strumenti utili a prescindere dalle definizioni e che quindi, se il test di Turing funziona per le nostre applicazioni, per le applicazioni di tutti i giorni, ben venga!

L'importante è avere chiaro quanto sia assurdo estendere la definizione utilitaristica di intelligenza per i nostri scopi pratici ad un robot che soddisfi quel test di Turing: il concetto che sia "umano", facendo un salto da fantascienza, è una cosa totalmente sbagliata e spesso percepisco questo salto in molti discorsi anche da parte di personaggi autorevoli.

Massima prudenza nel trattare questo delicato argomento con l'estendendone i concetti al di fuori dell'ambito puramente tecnico.

Col prossimo capitolo chiariremo ancor meglio quanto detto, spiegando con un esempio come debba essere inteso l'aiuto che riceveremo da questa interessante tecnologia, lasciando stare fantasiose storie che vedono l'uomo sostituito completamente da macchine in un prossimo futuro.

DEMISTIFICHIAMO L'AI

Passando dalle disquisizioni un po' filosofiche del capitolo precedente, non posso fare a meno di affermare come nella mia non breve carriera nel mondo della tecnologia e dopo averne viste e sentite di ogni genere ed ancor di più, quella della "Intelligenza Artificiale", come la si descrive oggi spesso nei media, mi sembra la più comica se non addirittura la più divertente.

Inventata dal moderno mammifero che ha conquistato il pianeta Terra, detto nel suo insieme "umanità", mi appare per l'ennesima volta che questo mammifero dimostri la sua innata necessità di "idolatrare qualcosa" come fecero gli umani migliaia di anni fa quando scoprirono il fuoco.

Anche l'antropomorfismo è un'altra caricaturale caratteristica di noi esseri pensanti, tanto che investiamo cifre enormi per costruire qualcosa che cammini come noi, abbia la nostra faccia, sorrida come noi, risponda come noi magari per aiutarci a fare la spesa, quando con una cifra cento volte inferiore la stessa operazione la potrebbe fare un carrettino intelligente con quattro ruote!

Sia ben chiaro, con queste mie parole e con quanto leggerete, non intendo dire che la materia di cui trattiamo non sia interessante o, addirittura da prendere sotto gamba. Ci troviamo di fronte ad una ennesima conquista, risultato di un processo che, partendo dal citato fuoco, è proseguita con la scrittura, il calcolo, il motore, l'elettricità, la radio, il computer, il microprocessor ed ora l'AI.

Per chiarire che ne condivido l'importanza "tecnologica", confermo quanto detto in premessa e cioè che intendo pubblicare una serie di miei libri sull'argomento dato che ne seguo appassionatamente le gesta da tempo immemorabile ed ora è matura per renderci il suo servizio, come già il treno nel 1850.

Ricordo anche che la tecnologia AI non è nuova, nasce persino prima del circuito integrato e del microprocessor, cioè da oltre sessanta anni come vedremo nel capitolo della conferenza del 1956 a Dartmouth, ma improvvisamente e da pochi anni è esplosa ed è diventata argomento sulla bocca di tutti con una prepotenza e spesso un travisamento che qualche volta mi ha lasciato perplesso.

Mi sembra di trovarmi davanti ad una di quelle speculazioni che appaiono improvvisamente e che poi esplodono come l'invasione del personal computer degli anni Ottanta, la pervasività di internet degli anni Novanta e la diffusione degli smartphone del nostro millennio.

Quindi sempre piedi per terra! L'Intelligenza Artificiale, come la si intende, non è altro che uno sviluppo logico di quella che modestamente si chiamava "informatica" e che vede in essa la convergenza di una miriade di conquiste precedenti che dobbiamo saper sfruttare secondo una fredda logica ingegneristica.

A questo scopo alla fine di questo libro riporto le biografie degli scienziati che più hanno contribuito a questa, non nuova, branchia della tecnologia.

Grazie a queste ambiguità il mondo della fantascienza se ne è impadronito alla grande portando molti non addetti ai lavori a fare un salto fuorviante dalla scienza alla fantascienza, e quel che è peggio anche importanti personaggi ne parlano in pubblico paventando o immense future catastrofi o soluzioni siderali a tutti i nostri problemi, creandosi un seguito enorme di illusi o di spaventati. Dirò una cosa ovvia e banale: "il futuro non è nelle capacità di nessun essere umano, neanche se dispone di cinque premi Nobel"!

Per fare un esempio, ho visto un grafico su una importante rivista americana che per ogni tipo di lavoro ne prediceva la sostituzione in percentuali crescenti fino alla sostituzione completa da parte di macchine intelligenti estrapolata fino al 2050: pazzesco! Ma se con tutti i potenti mezzi di calcolo di cui disponiamo, riusciamo a mala pena a prevedere che tempo farà fra 3 o 4 giorni e non oltre!

Occorre demistificare tante dicerie e soprattutto le assurde e spaventose previsioni sulle perdite di posti di lavoro, sulla sostituzione dell'uomo ecc. ecc. e non perché non se ne debba tenere conto, ma perché si deve avere il realismo di valutare quello che accade a breve termine e provvedervi e non decidere in base a quello che qualche "mago" prevede per l'anno 2050!

Alla fine degli anni 70 qualcuno mi fece notare che un modesto personal computer era più bravo di un ingegnere come me nel far di conto … ed era vero. Nessun computer però mi ha ancora sostituito. Certo, se io fossi stato capace solamente di svolgere nulla più che calcoli sarei senza lavoro dagli anni '70. Per fortuna io, e credo tutti gli altri esseri umani ingegneri e non, abbiamo altre capacità che sarebbe impossibile, o semplicemente troppo complicato e inutilmente, costoso sostituire.

Mi rivolgo soprattutto ai giovani: non credete a chi, anche blasonato, esce dalle proprie specifiche competenze e si mette a prevedere come dovrà essere la vostra vita fra cinquant'anni …. ma che dico, anche fra dieci anni. Limitatevi a capire cosa succede intorno a voi oggi ed a seguire le vostre passioni che sono la vostra ed unica vera guida verso il futuro.

Un esempio di reale applicazione dell'Intelligenza Artificiale e della sua efficacia l'ho letto su un libro scritto da John Kelly nel suo ottimo libro intitolato "Macchine Intelligenti" (https://amzn.to/2J5Tjsq). Questo esempio vale più di tante parole per capire di cosa stiamo parlando. L'autore riporta un caso reale che si riferisce al mondo medico di utilizzo dell'intelligenza artificiale.

Ecco l'esempio. Scenario: Memorial Sloan-Kattering Cancer Center. Primario di oncologia visita una paziente, donna americana di origine giapponese con cancro ai polmoni.

L'oncologo esamina le informazioni personali, la cartella clinica, le diagnosi, i risultati degli esami ed ha già parlato con il medico curante. Sviluppa quindi un'ipotesi e chiede un parere anche al sistema (AI Watson IBM) affinché il sistema stesso utilizzi tutte le informazioni a sua disposizione per valutare le opzioni di trattamento. In pochi secondi il sistema legge le centinaia di migliaia di cartelle cliniche nella sua memoria (Big Data) e segnala che le donne giapponesi non fumatrici hanno una buona probabilità di avere una mutazione di un gene, l'EGFR, che un farmaco riduce questo tipo di cancro nel 95 per cento dei casi e suggerisce verifica per la mutazione genetica. Consulto con la paziente a cui viene chiesto quali siano le sue preferenze in termini di trattamento. Lei risponde che non vuole perdere i capelli, ulteriore dato inserito nel sistema.

Dopo alcuni giorni, vengono inseriti nel sistema i risultati degli esami che confermano mutazione dell'EGFR. In un secondo consulto la donna riporta che dall'ultimo incontro ha del sangue nell'espettorato.

Questa nuova informazione è inserita nel sistema che propone un insieme di possibilità diverse dalle precedenti e classificate in base al livello di confidenza: 90% per la possibilità in cima alla lista, un cocktail di due farmaci spesso usati in chemioterapia. Inoltre, il sistema segnala che il trattamento ha una probabilità inferiore rispetto agli altri di causare la perdita di capelli.

Nell'esempio l'AI ha aiutato il medico a prendere delle decisioni basandosi su un sistema che, avendo accesso ad una grande quantità di dati che le macchine digitali oggi sono in grado di consultare in modo intelligente e avendo "imparato" a trattare quei dati, ha potuto proporre soluzioni e il relativo grado di affidabilità che poi il medico può, sa e deve applicare.

Anche un normale utente di internet riceve messaggi pubblicitari scelti tra i milioni possibili in base ad una nascosta AI che valuta i suoi comportamenti in rete … magari procurandogli fastidio; comunque sempre meglio che uno stuolo di venditori umani, nascosti dietro la rete e che gli inviino migliaia di messaggi inutili per lui o gli riempiano di carta la casella postale fisica sotto casa!

Concludendo, possiamo senz'altro affermare che va benissimo che l'AI ci aiuti ad analizzare i dati che ci interessano con metodi automatici facendo giungere ai nostri occhi solo quelli che ci potrebbero servire facendoci risparmiare del gran tempo. Ecco a cosa servono i 'Big Data', il 'Machine Learning': che dal grande pagliaio dei dati (Big Data) imparano a tirarci fuori gli aghi utili (Machine Learning) o, per lo meno, più significativi per noi.

Nel nostro esempio il medico non è stato sostituito da un computer, ma certamente quel medico ha imparato ad interpretarlo e tutti noi dobbiamo crescere e capire come sfruttare meglio i nuovi strumenti!

Prima di passare oltre, sento la necessità di demistificare un'altra abusata terminologia, frutto della distorsione di quanto utilizzato da decenni nel mondo informatico e che da un po' di tempo invade le cronache. Stiamo attenti all'estendere definizioni tecniche nate per certi scopi per altri mondi, tanto per confondere, se non addirittura imbrogliare l'ascoltatore inesperto.

DEMISTIFICHIAMO GLI ACRONIMI 2.0, 4.0 ecc.

Qualche giovane informatico starà già sorridendo vedendo il “2.0 e il 4.0” nel titolo del capitolo, avvezzo come senz’altro sarà ad utilizzare quel metodo per indicare l’evoluzione di un programma distinguendolo dalle generazioni precedenti.

Questo metodo, nel frattempo semplice ed intelligente, nacque all’inizio dell’informatica e precisamente in uso tra i programmatori per distinguere e chiarire a colpo d’occhio un programma sviluppato inizialmente come 1.0 e poi, via via che lo si migliorava con numeri consecutivi.

Il primo numero, cioè quello prima del punto, indicava una forte miglioria del programma stesso, in sostanza una nuova generazione, mentre il numero dopo il punto, una miglioria modesta.

Così un programma nasceva come 1.0, poi aggiustandolo un po’ 1.1, 1.2 ecc. e quando praticamente lo si rifaceva per la stessa applicazione diventava 2.0, 3.0 ecc. Tra tecnici quindi ci si capiva immediatamente se si trattava di un semplice miglioramento o di una completa modifica generazionale.

Questo sistema numerico è rimasto per decenni unicamente appannaggio di quei tecnici che sviluppavano programmi e non fu praticamente mai adottato per il mondo delle macchine, o meglio dell’hardware, soprattutto perché da quelle parti è difficile e poco “marketing” chiamare una Mercedes 1.0 o peggio, 2.3 ecc.

Oggi addirittura si è arrivati a chiamare un'intera industria 4.0 senza capire il significato di quel numero. Immaginatevi se domani uno affermasse che è molto più all'avanguardia perché la sua fabbrica è una 4.2 o, migliore ancora, una 5.0 … senza naturalmente riferirsi a dati oggettivi su quei passaggi generazionali e non perché non voglia, ma perché sarebbe impossibile.

Desidero qui illustrare un'altra storiella di strana numerologia tecnologica che ho vissuto in prima persona e che non posso fare a meno di raccontare (vedi anche "La mia storia con Intel "https://amzn.to/2OAv6AB).

Mi riferisco alla Intel ed al microprocessor. Molti di voi avranno letto che il primo microprocessor Intel, quello realizzato fisicamente dall'italiano Dr. Federico Faggin nel 1971, si chiamava 4004. Perché quello strano numero? Semplice, era una CPU a quattro bit ed il quattro lo dovevamo puntualizzare, e all'Intel lo hanno messo addirittura all'inizio e alla fine.

Due anni dopo nasceva una nuova generazione di microprocessor non più a 4 bit ma a otto bit. Come chiamarlo? Semplice, i responsabili Intel del "branding" fecero la cosa più ovvia, misero un otto davanti e dietro e lo chiamarono 8008.

Ben presto l'8008 fu migliorato e si presentò il problema di come distinguerlo dalla versione precedente, non era una nuova generazione, era un miglioramento che per il mondo degli informatici si sarebbe dovuto chiamare 8008.1, antisettico e sgradevole per la verità ed i responsabili marketing di Intel non potevano accettarlo, per cui si decise semplicemente di spostare l'otto finale all'interno e chiamarlo 8080.

Tutto chiaro, semplice e naturale ma … ma, non si era ancora pensato al futuro e quando arrivò la CPU a 16 bit il problema si ripresentò: si poteva chiamarlo 160160? Un obbrobrio nacque così l'8086; semplicemente si sostituì l'ultimo zero con il sei prelevato dal 16. E tutti noi oggi sappiamo che l'8086 fu all'origine del PC IBM, o meglio, la sua versione 8088 che non era altro che un 8086 con uscite a 8 bit anziché 16. L'8086 ricevette poi un miglioramento e, per farla breve, invece di chiamarlo 8086.1 (all'Intel quel punto dava proprio fastidio), lo si chiamò 186; inizio della serie di microprocessor Intel che pervase tutti gli anni Ottanta: 286, 386 ed il 486 giunto infine a cavallo tra gli anni Ottanta e gli anni novanta.

Ecco che a questo punto qualcuno all'Intel si rese conto non solo dell'inconsistenza e difficoltà tecnica nel continuare a definire le generazioni e le migliorie dei microprocessor con quella serie di numeri, ma anche delle problematiche legate alla concorrenza. Il numero non è registrabile come marchio e di 386 sul mercato ne nascevano di continuo. Peggio, qualche concorrente mise sul mercato addirittura un 586 che il pubblico avrebbe potuto ritenere una nuova e più avanzata tecnologia del 486 senza peraltro esserlo veramente.

Ecco che finalmente, diventata Intel anche un'azienda di marketing e non solo di tecnologia, capì che era opportuno uscire rapidamente dal mondo della numerologia per definire i suoi nuovi prodotti e concepì il "Pentium", nome completamente inventato, ma poiché PENT in greco significa CINQUE, dava proprio l'idea con un'assonanza alla quinta generazione, dopo il 486. Da lì in poi la storia è nota ed i nomi più bizzarri ne hanno descritto gli sviluppi fino ad oggi: Haswell, Broadwell, Skylake, Celeron, Atom, Xeon, Itanium … e chissà che si inventeranno nel prossimo futuro.

Quindi la ipertecnologica Intel è uscita dalle pericolose sabbie mobili della semplice numerazione stile software per passare alla più logica e libera via dei nomi propri … ed ora, in un altro settore, si porta su quelle sabbie mobili l'intera industria chiamandola 4.0 per intendere che si tratta di una nuova generazione di sistemi produttivi che comprendono l'AI, anche se con l'AI non c'entrano proprio nulla.

Sicuramente arriveranno altri che chiameranno le loro industrie 5.0 e poi 6.0 senza che possano dimostrare che si tratti di nuove e più avanzate tecniche. Bel lavoro ragazzi! A proposito, io sto sviluppando le specifiche per un'industria 7.0 … ma non ve ne comunico per niente le specifiche … ora!

Scommetto che presto vedremo anche AI 2.0, AI 3.0 o altri straordinari acronimi al solo scopo di confondere le idee … occhio!

ENTRIAMO NEL VIVO DELLA AI

Come abbiamo visto, il termine "Intelligenza Artificiale" con cui oggi si definisce la disciplina di cui stiamo trattando è lo sviluppo dell'elaborazione automatica dei dati che complessivamente si definiva "Informatica".

Molti oggi, secondo me erroneamente, la intendono come una branca a parte volta a realizzare l'emulazione in tutto e per tutto di quello che noi definiamo "la mente umana". Come abbiamo visto in precedenza, noi conosciamo ben poco delle nostre funzioni cerebrali nella loro complessità e quindi come funzioni il nostro cervello e l'interconnessa "mente" col suo "libero arbitrio", per cui è difficile emulare qualcosa che non si conosce.

Ciò nonostante, gli ultimi progressi tecnologici stanno procedendo molto velocemente con applicazioni che hanno già pervaso il nostro mondo quotidiano con impieghi che spesso appaiono quasi magici. Traduzioni automatiche da una lingua ad un'altra, lettura di caratteri scritti a mano ed altre attività hanno raggiunto livelli indistinguibili se non superiori rispetto alle performance degli esperti umani, il tutto senza emularne il cervello!

Oggi un'auto può essere guidata in modo completamente automatico, tanto automatico che, come gli esseri umani, ha già fatto qualche incidente mortale. Persino la composizione di musica è oggi possibile automaticamente: facendo ascoltare ad opportuni apparati elettronici, con i giusti algoritmi, i brani originali di autori come Mozart e

Beethoven, questi apparati imparano e poi compongono brani musicali con lo stile degli autori originali. Le applicazioni possono essere infinite ed a volte intriganti come quelle di individuare su internet in maniera precisa le vostre preferenze e porgervi le giuste offerte da parte di grandi società come Google ed Amazon.

In breve, quella che genericamente oggi si chiama Intelligenza Artificiale non va certo trascurata: è una "tecnologia" che per chi è nel mondo attivo vedrà l'argomento sempre più pervadere ogni sua attività, similmente a quanto è avvenuto col computer. Senza confondere la nostra "Intelligenza" con la "I" maiuscola con quanto la tecnica oggi ci offre per aiutarci in un innumerevole numero di lavori, vediamo con questo primo volume di riassumerne gli elementi fondamentali.

Per chi se ne intende di programmazione nell'ambito dell'informatica, dobbiamo rispondere alla seguente semplice domanda: "Cosa c'è di veramente nuovo in tutto questo in fondo di programmi per computer se ne scrivono da quasi un secolo!".

Il vero salto è che qui non si programma più, o meglio, è il programma che si programma. In altre parole si creano programmi (algoritmi) che imparano autonomamente con l'esperienza diretta sui fenomeni che li riguardano, esattamente come un bambino che impara a leggere e registra nella sua mente il modo di leggere qualsiasi cosa. In questo senso e per questo la si definisce "Intelligenza Artificiale", ma sempre e solo stiamo parlando di un'evoluzione tecnologica in grado di aiutarci, non di sostituirci come si legge da molte parti.

Per capirne i vantaggi dobbiamo considerare che un programmatore potrebbe scrivere un programma per leggere tutti i possibili caratteri scritti a mano; la cosa è idealmente concepibile, solo che questo programmatore dovrebbe scrivere miliardi di righe dopo aver analizzato tutti i tipi di scrittura possibili. Con quello che oggi chiamiamo "algoritmo intelligente" è lo stesso programma che interagendo con i vari tipi di scrittura produce da solo le sue nuove righe di programma … tutto qui.

Ricorriamo ad un esempio per capirci sulla differenza tra ciò che è umano e ciò che non lo è ricorrendo allo stupendo film di Kubrik intitolato "Odissea nello Spazio 2001". Il film tratta di un viaggio interplanetario verso Saturno effettuato con un'astronave pilotata da un computer di nome HAL. Quest' avanzatissimo computer controlla tutte le funzioni dell'astronave e degli astronauti con cui parla come fosse umano e gestisce anche i passeggeri in stato di ibernazione.

Potremmo dire che quell'astronave e tutta la missione con i suoi passeggeri dipendono da questo perfetto sistema di Intelligenza Artificiale in grado persino di rispondere con una propria voce, a volte emozionata, ad ogni domanda dei suoi piloti.

Kubrik, quasi 50 anni fa, è andato molto oltre la realtà della tecnologia di cui disponiamo oggi e probabilmente anche di quella che apparirà in un futuro lontano, perché ad un certo punto del viaggio Hal comincia a dire anche bugie. La bugia è un tipico comportamento d'alto livello (…. dal punto di vista tecnico, ovviamente); addirittura Hal si sostituisce agli umani e decide propri nuovi obiettivi per la missione, eliminando in sostanza tutti i passeggeri tranne uno che, per sua fortuna, si trova all'esterno dell'astronave su una capsula per manutenzione e non soggetto all'influenza di Hal. L'astronauta, con furbizia tipicamente umana ed uscendo dagli schemi prevedibili dalla macchina, si salva rientrando nell'astronave da una porta di servizio e poi disattiva Hal che lo implora di non farlo scusandosi per quello che aveva fatto e che non avrebbe più ripetuto ... come un bambino dopo una marachella!

Con questo film di fantascienza Kubrik ha attribuito alla macchina una capacità di "libero arbitrio" e quindi di essere in grado di uscire dagli schemi impostigli dai sui programmatori e di costruirsi ambiziosi obiettivi da lui solo desiderati.

La distanza tra la realtà della tecnologia di cui stiamo trattando e che farà parte del bagaglio dei tecnici presenti e futuri è anni luce lontana dal passaggio logico fatto da Kubrik nel suo film, ma ai non informati quel passaggio appare modesto ed alla nostra portata. I lettori devono tenerlo ben presente per non cadere nella trappola della fantascienza!

Procediamo entrando nel vivo della materia con il prossimo capitolo.

GLI ARGOMENTI FONDAMENTALI

Ogni materia scientifica o tecnica si sviluppa nel tempo e partendo da una sua denominazione iniziale poi si ramifica in varie direzioni, assumendo per ogni ramo nuove ed a volte criptiche denominazioni.

La nostra AI non si differenzia in questo senso da altre materie anzi, oggi se ne sta complicando la vita perché, una volta uscita dal puro ambito scientifico, è diventata anche argomento di marketing e qui la "nomenclatura" gioca un ruolo perverso determinato dalle volontà aziendali di differenziarsi o sembrare innovativa anche senza esserlo.

Dovendo intraprendere un percorso esplicativo di una materia in così forte divenire metto quindi in guardia il lettore invitandolo ad approfondire bene le nuove terminologie che nascono, per distinguere la realtà dei contenuti, se veramente innovativi, da quelli che di nuovo hanno solo il nome per scopi promozionali. Per questo motivo riporto qui di seguito i principali capitoli in cui oggi si divide la nostra AI, limitandomi a quelli più comuni ed utilizzando la lingua inglese ormai universalmente adottata per questa tecnologia.

Gli argomenti indicati, facente parte della moderna AI, sono portati avanti da una miriade di aziende, start up e da alcune grandi capofila come Microsoft, IBM, Google, Facebook, Apple, Amazon e HP.

La realizzazione poi dell'AI ha richiesto lo sviluppo di nuove tecnologie di base come le reti neurali, nuovi computer ultraveloci come quelli quantistici e microchip che stanno crescendo esponenzialmente in complessità, come previsto dalla legge del Dr. Moore.

Un'assoluta novità in campo industriale consiste nell'incredibile quantità di piccole aziende nate specificamente per l'AI e subito acquisite dalle grandi aziende citate; si parla di centinaia di aziende acquisite in pochi anni … questo dimostra l'attenzione spasmodica per il settore e gli enormi investimenti in corso.

In questo capitolo ci limitiamo a dare la definizione ed una breve spiegazione dei seguenti termini, ormai divenuti popolari in questo campo e che ritroveremo spesso in questa serie di libri sull'intelligenza artificiale:

AI (Artifial Intelligence)

Weak AI

Strong AI

Swarm AI

Machine Learning (ML)

Big Data

Deep learning

Natural Language Processing (NLP

Supervised learning

Unsupervised learning

Neural Networks

Internet of Things (IoT)

Turing Test

ChatBot

Cognitive AI

Cognitive Lab

Expert Systems

Robotics

Python

AI (Artificial Intelligence)

La Artificial Intelligence può essere definita nel modo più semplice come un sistema automatizzato in grado di analizzare i dati e fare scelte in modo autonomo. Si divide in due forme a seconda di come la sua funzione si esplica: Weak AI e Strong AI.

Weak AI

Intelligenza artificiale debole: si riferisce ad un sistema che simula un solo e specifico comportamento umano

Strong AI

Intelligenza artificiale forte: si riferisce ad un sistema in grado di compiere elaborazioni autonome ed apprendere nel tempo.

Swarm AI

Intelligenza da sciame, prende il nome dalla capacità delle api di aumentare la loro intelligenza globale lavorando insieme.

Anche i gruppi di persone sono più intelligenti quando pensano insieme. Con questa tecnica si mutuano le capacità dalle specie naturali come uccelli, api, pesci, formiche e molti altri organismi che, lavorando insieme come un sistema organizzato, cacciano e costruiscono le loro dimore. Unendo molte menti in un unico sistema interconnesso le persone possono "sciamare" grazie all'impiego dell'intelligenza artificiale e rispondere con precisione alle domande, prendere decisioni, fare previsioni, ed ottimizzare le opinioni di ciascuno. Con la Swarm AI si amplifica l'intelligenza collettiva con una combinazione di algoritmi di intelligenza artificiale al fine di risolvere problemi complessi e prendere decisioni basandole su informazioni ben consolidate. Questa tecnica viene, ad esempio, implementata nei Cognitive Lab.

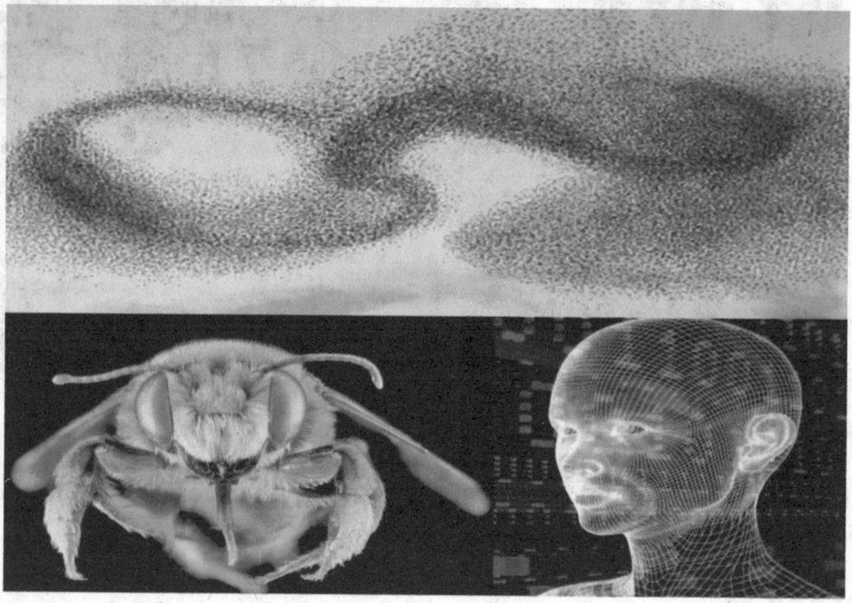

Machine Learning (ML)

Uno dei componenti fondamentali della moderna Intelligenza Artificiale. Consiste nella capacità di un sistema di apprendere automaticamente dai dati a cui viene esposto e di sviluppare la capacità di azioni autonome in base a quei dati. Inoltre, il sistema, acquisendo ed aumentando la sua capacità nel tempo, diventa sempre più in grado di prendere decisioni corrette senza dover essere riprogrammato.

> Machine learning is the science of getting computers to act without being explicitly programmed

Big Data

I Big Data sono dati che, per quantità e varietà, non possono essere gestiti con gli strumenti di database tradizionali, ma richiedono l'impiego di tecnologie adeguate per la memorizzazione e l'analisi. I Big Data comprendono i dati generati dal web, che non sono strutturati come i post sui blog, i commenti sui social media, i documenti di testo, audio, video disponibili in diversi formati ed un'infinità di altri.

Big Data impiegati nelle analisi da parte di opportuni algoritmi di intelligenza artificiale sono in grado di dar origine a processi decisionali molto accurati. Aziende ed enti possono così raccogliere dati da qualsiasi fonte e analizzarli per trovare risposte, ridurre il "time to market", ottimizzare l'offerta e prendere decisioni consapevoli.

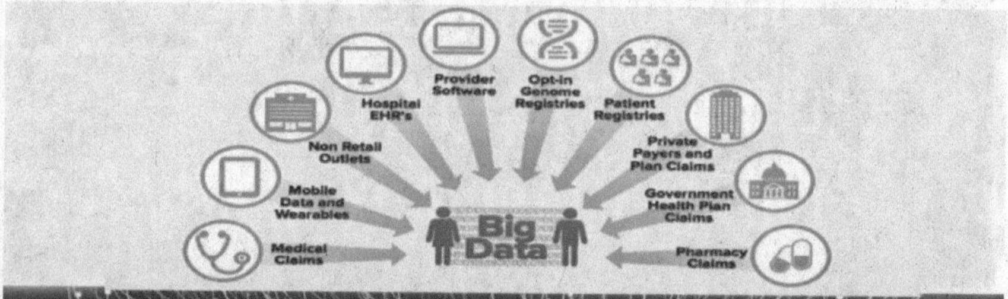

Deep Learning

Parte del Machine Learning che consiste nella capacità di disporre di un apprendimento approfondito. In genere utilizza reti neurali che funzionano sfruttando una logica a livelli in cui ogni livello di neuroni artificiali fornisce risultati al livello superiore e così a catena per raggiungere sempre più elevate capacità di comprendere l'ambiente a cui il sistema è esposto. **Vedi l'Appendice 1 per una visione pratica di questo argomento fondamentale nelle applicazioni moderne della AI**.

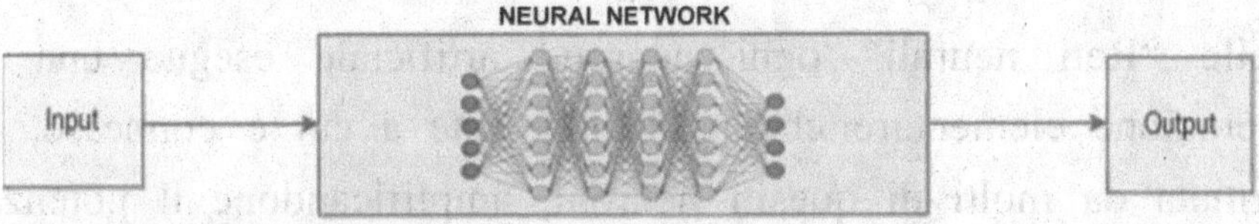

Natural Language Processing (NLP)

Processo che elabora il linguaggio naturale nell'apprendimento automatico e nella linguistica. Consente di rilevare le intenzioni degli utenti attraverso analisi lessicali, semantiche e serve per dare voce a una macchina.

Utilizzato negli assistenti vocali come Google Home e Amazon Alexa nella traduzione automatica, impiegando una sequenza di processi per correggere i dati che l'utente immette nel sistema e così identificarne tutte le informazioni utili ai fini della comprensione. Ne utilizziamo ampiamente tutte le volte che chiediamo al nostro smartphone di tradurci un messaggio vocale o scritto o digitando un testo che il sistema corregge rilevandone gli errori.

Supervised Learning

Apprendimento supervisionato. La macchina apprende dall'uomo le conoscenze iniziali ed elaborandole migliora in proprio nel tempo la conoscenza reagendo con l'ambiente. Il risultato viene sempre proposto all'uomo a cui ne è demandata la validazione.

Unsupervised Learning

L'apprendimento non supervisionato prescinde dall'intervento iniziale e dalla convalida finale dell'uomo. Esegue la sua analisi in autonomia, aggiunge nuove conoscenze che completano la sua conoscenza memorizzata solo rispettando regole che l'uomo stesso ha immesso nel sistema.

Neural Networks

Nelle "Reti neurali" ogni neurone artificiale esegue una sua operazione elementare che passa alla rete a cui è connesso, rete formata da molti di quesiti neuroni, amplificandone il potenziale elaborativo globale.

Per eseguire un determinato processo le connessioni tra i neuroni sono regolabili, potenziandone così la plasticità. La rete neurale è oggi il sistema elettronico che meglio emula il cervello umano in cui ogni neurone esegue il proprio compito elementare e la rete formata da tutti i neuroni moltiplica enormemente la capacità complessiva di elaborazione.

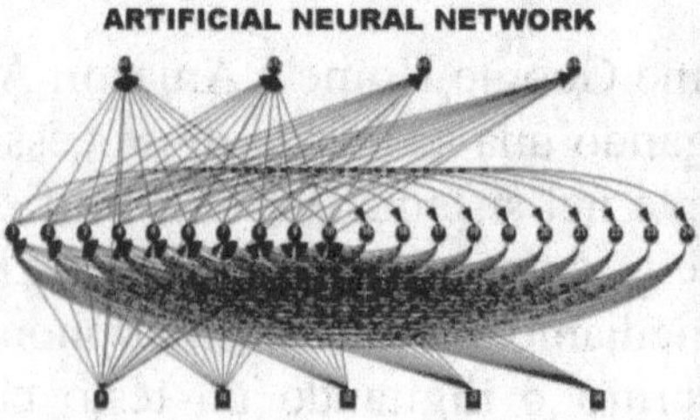

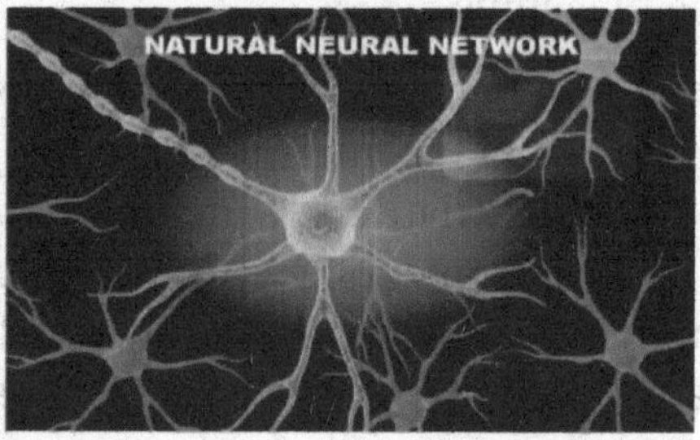

Internet of Things (IoT)

L'Internet delle cose estende la connessione internet ad oggetti di qualsiasi genere opportunamente provvisti della necessaria dotazione elettronica. Non si riferisce tanto ai dispositivi noti come smartphone e computer, ma a qualsiasi dispositivo fisico normalmente non abilitato a questo scopo come frigoriferi, automobili, punti stradali, ecc. per rendere così i loro dati disponibili in rete e poterli controllare in remoto.

Turing Test

Prende il nome dal matematico Alan Turing che lo ha proposto negli anni Cinquanta. Consiste nel valutare la capacità di una macchina di imitare un essere umano nella misura in cui il suo risultato risulti indistinguibile da una persona fisica.

Ancora oggi è considerato il mezzo più valido per giudicare il livello di intelligenza artificiale raggiunto da una macchina, infatti se una persona che interroga in remoto non distingue la risposta se proveniente da persona fisica o da una macchina, allora questo risultato, se proveniente da una macchina, quest'ultima va considerata intelligente.

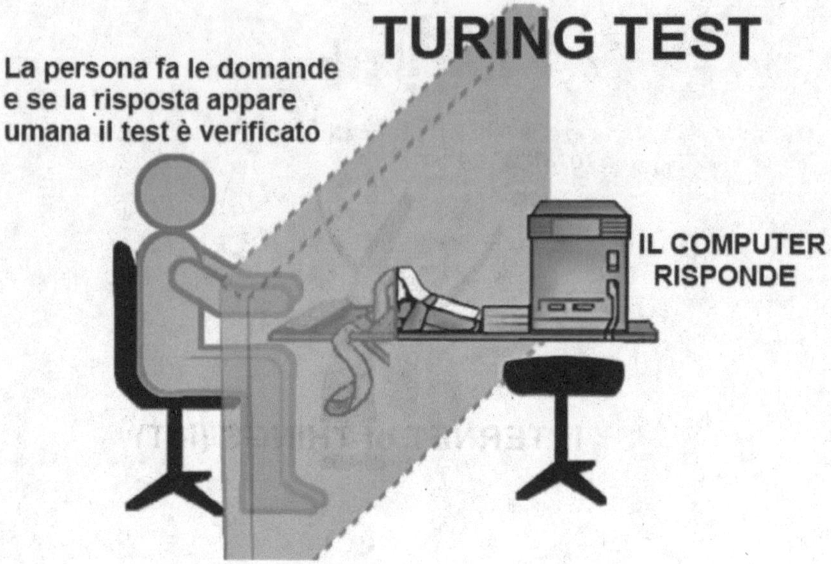

ChatBot

Una chatbot o agente di conversazione o assistente virtuale, è un sistema in grado di dialogare con utenti basando la sua attività su conversazioni che sono state programmate in precedenza utilizzando tecniche AI. In pratica è un servizio per rispondere alle domande più comuni degli utenti automatizzando attività ricorrenti come richieste di informazioni di tipo contabile od altro, riuscendo a capirne la domanda.

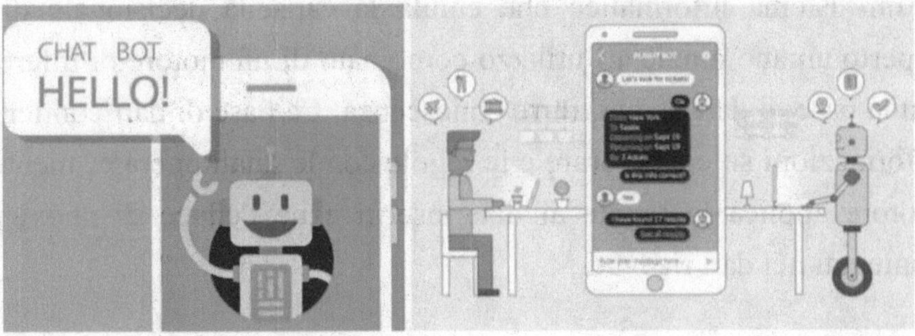

Cognitive AI

Il concetto di "intelligenza artificiale cognitiva" si rifà a ciò che un grande esperto ha affermato in un suo convegno: "la vera magia avverrà quando gli umani uniranno la loro creatività con la propria intelligenza e i dati dell'intelligenza artificiale". Questo è quanto la Cognitive AI cerca di realizzare.

Cognitive Lab

E' l'ambiente fisico in cui umani e macchine dotate di intelligenza artificiale interagiscono per realizzare la "Cognitive AI"

Expert Systems

È un sistema informatico che emula la capacità decisionale di un esperto umano grazie all'utilizzo combinato di un motore di inferenza e una base di dati da cui trarre conoscenza. La base di dati contiene le informazioni su cui lavorare e le regole con le quali operare, mentre il motore applica le regole ai dati inseriti e ne deduce di nuovi non contenuti nei dati ricevuti.

Robotics

Robotica, materia che studia i robot cercando di creare strutture che coesistano in modo simbiotico con gli esseri umani per aiutarli, sia individualmente sia come società. Comprende tutto ciò che riguarda la progettazione, l'ingegneria, la programmazione, il collaudo e lo sviluppo di robot, macchine progettate per svolgere compiti eseguiti dall'uomo.

La robotica sta crescendo rapidamente con l'avvento dei Big Data e la IoT: le macchine sono ora in grado di elaborare grandi quantità di dati e di apprendimento con una minima interazione umana.

L'esempio più noto sono le automobili autonome: i sensori sul veicolo elaborano migliaia di punti, dati ogni secondo insieme ai dati di posizione dal web, per spostare il veicolo in sicurezza lungo il suo percorso.

LA PAURA **LA REALTA'**

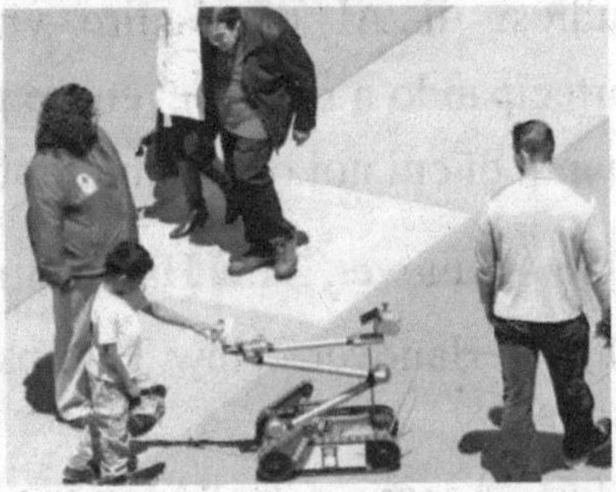

Python

È il linguaggio Object-Oriented più utilizzato nell'intelligenza artificiale il cui nucleo si basa sulle reti neurali. Il suo apprendimento è alla base delle abilità fondamentali per la realizzazione degli algoritmi di intelligenza artificiale. E' facilmente scalabile, il che lo rende la scelta ideale per gli sviluppatori ed è ormai il linguaggio principe di programmazione nelle aziende. Python deve essere patrimonio delle nuove leve di programmatori.

CONCLUDENDO

Come parte importante di questo primo volume si vedrà nei prossimi capitoli le principali occasioni preparatorie che hanno costituito pietre miliari nello sviluppo scientifico dell'Intelligenza Artificiale, mentre rimando all'Appendice 1 un anticipo della trattazione sui Big Data che sarà oggetto di un prossimo volume.

Partiremo dall'anno 1956, anno in cui l'AI nasce come branca specifica dell'informatica in un convegno negli Stati Uniti nella città di Hanover nel New Hampshire per poi proseguire con altri tre importanti eventi nel 2006 e nel 207 che hanno rappresentato i convegni più significativi nello sviluppo dell'AI.

Vedremo fatti e nomi in grande dettaglio per permettere a quei lettori studiosi di AI di risalire via internet a tutti i personaggi che, partecipando a quegli eventi e pubblicando i loro lavori, hanno creato quanto di cui noi ora stiamo trattando. Riassumendo:

1956 - Hanover, New Hampshire, USA. "Nascita dell'AI"

2006 - Hanover, New Hampshire, USA. "AI@50 The Next Fifty Years"

2006 - Ascona, CH. "AI in the 21st century"

2017 - Asilomar, Pacific Grove, CA, USA. "Beneficial AI"

CONFERENZA A DARTMOUTH (USA) 1956. LA NASCITA

Qui, nel collegio Dartmouth nel New Hampshire (USA), è nata, nell'anno 1956, l'Intelligenza Artificiale come la intendiamo ancora oggi. Alcuni scienziati qui riunitisi partirono dalla consapevolezza che l'idea di macchine pensanti e di algoritmi che le gestissero si perdesse nella notte dei tempi.

Era noto infatti come già nel lontano 1600 il grande filosofo e matematico tedesco Leibniz avesse previsto la necessità di un linguaggio artificiale come algoritmo universale per comunicare. Leibniz stesso inventò l'aritmetica binaria, quella degli uni e zeri, per risolvere quel problema almeno nell'ambito matematico e che è alla base di tutta l'informatica sviluppata secoli dopo.

Dopo di lui, altri grandi nomi come Blaise Pascal, Charles Babbage, Claude Shannon, Alan Turing e molti altri hanno giocato intorno all'argomento prima ancora dell'avvento dei computer elettronici.

Detto quanto sopra, la nascita formale di quella che oggi chiamiamo Intelligenza Artificiale va fatta risalire proprio al 1956, nell'ambito di quel convegno che si è svolto appunto nel collegio Dartmouth nel New Hampshire.

Era quello un periodo nello sviluppo dell'informatica in cui si potevano azzardare previsioni sulla fattibilità tecnica di un'Intelligenza Artificiale degna di quel nome, cioè in grado di simulare l'attività della nostra mente grazie ai computer elettronici a valvole ed a quelli che iniziavano ad utilizzare transistor.

Gli organizzatori del convegno coniarono per la prima volta quel termine che tanto poi avrebbe giocato anche nelle fantasie degli scrittori di fantascienza e che ormai rimarrà nella storia della tecnologia come una ben precisa materia: l'Intelligenza Artificiale. Gli arditi obiettivi che quei primi assertori definirono per il loro convegno sono descritti da un loro documento di cui riporto qui la traduzione.

"Proponiamo che 10 persone per 2 mesi studino l'Intelligenza Artificiale durante l'estate del 1956 al Dartmouth College di Hanover, New Hampshire.

Lo scopo di questa ricerca è di valutare sulla base dell'ipotesi che ogni aspetto dell'apprendimento e qualsiasi altra funzione d'intelligenza possa, in linea di principio, essere descritta con una tale precisione che una macchina possa essere creata per simularla.

Si dovrà tentare di trovare il modo di fabbricare macchine che utilizzino il linguaggio, che siano capaci di astrazione e formulare concetti, di risolvere problemi ora riservati agli esseri umani ed in grado di migliorarsi autonomamente. Riteniamo che un avanzamento efficace possa essere ottenuto in uno o più di questi campi se un gruppo selezionato di scienziati lavorerà per un'intera estate.

Questa fu la coraggiosa ed illuminata premessa di quell'incontro nel quale si voleva scrutare una possibilità tecnologica che solo sviluppi futuri come la microelettronica, il microprocessor e la legge di Moore avrebbero reso potenzialmente possibile e solo molti decenni dopo. E' meraviglioso come già allora l'elaborazione dei dati e la programmazione di primordiali computer avessero indotto menti scientifiche a ritenere possibile per le generazioni a venire, la realizzazione di qualcosa che solo ora, 70 anni dopo, stiamo prendendo in considerazione in modo concreto.

Nonostante quegli illuminati pionieri avessero visto giusto, il settore non si è sviluppato nei tempi e nella direzione come a Dartmouth si era pensato e non tanto per i limiti della tecnologia, ma perché quelle speranze si sono infrante contro l'incredibile complessità del cervello umano e dei nostri comportamenti. Ancora oggi siamo ben lontani dall'aver compreso appieno come la nostra mente funzioni e quindi la possibilità di duplicarla con macchine nella sua totalità rimane ancora molto lontana.

Ora sembra di avere alla nostra portata la capacità di emularne e superare solo alcune capacità complesse che possano coadiuvare le nostre attività intellettive e soprattutto aiutarci nelle decisioni, ma non di sostituirci completamente. Potremmo paragonare quello che sta accadendo al motore inventato nel diciannovesimo secolo con il quale l'umanità ha amplificato le capacità dei nostri muscoli, così ora nuovi strumenti possono amplificare le capacità del nostro cervello senza però sostituirlo come oggi, molti ingenuamente, ritengono facilmente possibile.

Quanto avvenne a Dartmouth illustra molto bene come siano state impostate le basi della tecnologia che trattiamo in questo libro per cui vale la pena di conoscere nel dettaglio come si svolse quella conferenza e cosa si dissero gli scienziati che vi parteciparono per giungere alle loro conclusioni.

Storicamente sappiamo che la proposta di quel convegno apparve in un documento di 17 pagine preparato dagli scienziati **John McCarthy, Marvin Minsky, Nathaniel Rochester e Claude Shannon**, a cui si aggiunsero **Arthur Samuel**, **Allen Newell** e **Herbert Simon,** documento che appunto per la prima volta cita il termine "Intelligenza Artificiale" anzi, pare che proprio il matematico John McCarthy la coniò per primo in quest'occasione.

In quella conferenza o meglio workshop, se ne consideriamo la durata di oltre due mesi, si cercò di analizzare le conquiste tecnologiche ottenute fino ad allora e da quelle tracciare i probabili sviluppi futuri, anche lontani nel tempo. Si trattò di argomento oggi all'ordine del giorno, come "teoria della computabilità", "reti neurali", elaborazione del linguaggio naturale" e della "creatività". L'ipotesi di fondo partiva dalla considerazione, un po' azzardata, che non esistessero limiti tecnologici nel produrre apparati elettronici comunque complessi e che, solo il venire in possesso della descrizione dettagliata delle funzioni del cervello umano, avrebbe consentito di riprodurlo elettronicamente.

In realtà poi lo sviluppo dell'Intelligenza Artificiale non seguì affatto le tempistiche previste a Dartmouth proprio perché quella descrizione dettagliata della nostra mente non è nelle nostre mani ancora oggi. Si susseguirono, infatti, periodi di scoraggiamento e d'insuccessi che portarono alla riduzione degli investimenti pubblici promessi e che ulteriormente ne ritardarono i progressi.

Comunque, insuccessi a parte, la scienza e la tecnologia così iniziata hanno aperto la via allo studio in campi ancora inesplorati come la teoria della complessità, la simulazione linguistica, le reti neurali, l'astrazione dei contenuti provenienti da input sensoriali, rapporto di casualità del pensiero creativo e le macchine di apprendimento (oggi dette Machine Learning). Quell'ambiziosa visione per lo sviluppo e la ricerca in ingegneria, matematica, informatica, psicologia e molti altri campi ha da quel momento pervaso gli interessi di molti scienziati, di aziende e di politici che oggi vedono un'esplosione di applicazioni.

Anche gli aspetti etici, oggi tanto di moda, sono stati presi in considerazione a Dortmouth e sono state poste le domande fondamentali di come governare questo nascente pervasivo settore tecnologico. La ricerca interdisciplinare nata poi in quelle discussioni ha fornito una cornice intellettuale per tutte le successive ricerche ed anche per lo sviluppo dell'informatica tutta.

Le molte conferenze che hanno avuto luogo in seguito hanno visto la partecipazione sempre crescente di menti appartenenti a ingegneria, medicina, filosofia e poi al mondo d'internet, allora ben lontano dall'essere previsto.

La fantascienza se ne era già appropriata da qualche tempo, ma poi anche il mondo cinematografico e la televisione ne sono stati pervasi a volte con contenuti inquietanti, come il computer Hal, di cui abbiamo già trattato parlando del film di Kubrik "Odissea nello spazio 2001" e la popolare serie Star Trek.

Esattamente cinquanta anni dopo e nella stessa sede si è tenuta un'altra conferenza, molto interessante e attuale, che tratteremo nel prossimo capitolo e dove parteciparono un gran numero di scienziati e tecnici provenienti sia dall'industria sia dal mondo accademico.

CONFERENZA A ASILOMAR (USA) 2006. 50 ANNI DOPO

Titolo originale della conferenza: "Dartmouth Artificial Intelligence Conference - The Next Fifty Years" (AI@50)

A questa conferenza vi parteciparono 175 tra scienziati ed industriali, 5 scienziati dei quali erano nel gruppo originale che nel 1956 prese parte al workshop, visto nel capitolo precedente: John McCarthy, Marvin Minsky, Oliver Selfridge, Ray Solomonoff, e Trenchard More. Tutti i convenuti presentarono i loro lavori e offrirono alle presenti interessanti considerazioni storiche ed attuali.

I partecipanti provenivano da tutte le parti del mondo e dalle più disparate discipline. Oramai l'Intelligenza Artificiale toccava già un gran numero di aspetti della nostra società, dallo sviluppo di sistemi per la produzione industriale, dal marketing alle analisi intelligenti di una grande quantità di dati, per finire alla politica ed all'etica.

La conferenza si era proposta di valutare le conquiste ottenute, su dove il settore stesse andando, dove le tecnologie prevedibilmente ci avrebbero portati e le fondamentali decisioni che devono essere prese in considerazione dell'influenza dell'Intelligenza Artificiale sui nostri comportamenti.

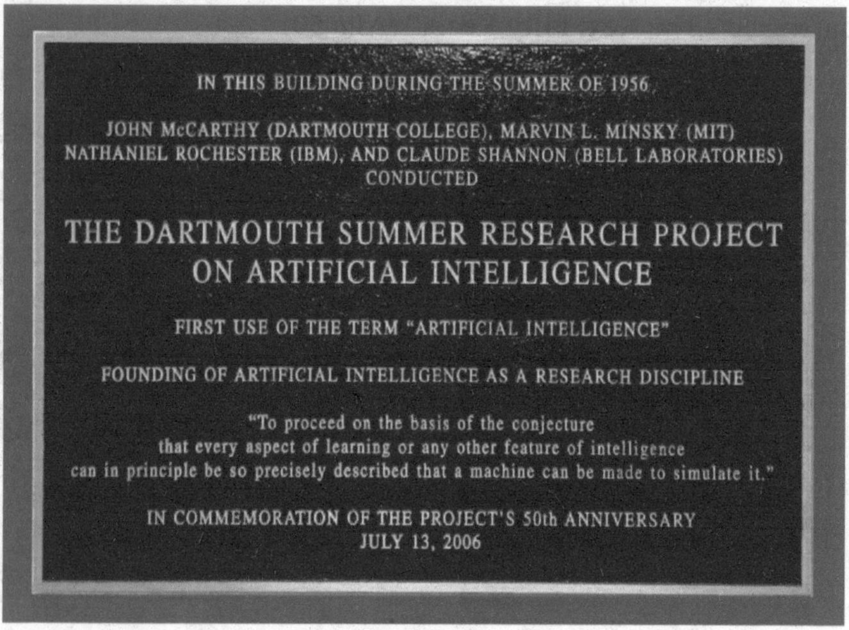

In particolare i partecipanti provenienti dalla Dartmouth 1956 si erano presentati nelle loro nuove vesti professionali contribuendo in modo sostanziale a questa seconda convention. Per la loro importanza ne riportiamo qui di seguito le loro posizioni professionali:

John McCarthy, professore emerito di Computer Science presso la Stanford University,

Marvin Minsky, professore di Media Arts and Sciences e professore di ingegneria elettronica ed informatica presso il MIT, Ray Solomonoff, professore presso il Centro Ricerche di apprendimento Informatica presso l'Università di Londra e, Oliver Selfridge, ex direttore scientifico ai GTE Laboratories.

La nuova conferenza di Dartmouth, per la quale fu scelto l'acronimo AI@50, ci interessa ora in modo particolare perché ha rappresentato una pietra miliare per esplorare noi, oggi, le strategie a lungo termine discusse e che hanno cercato di proiettarsi verso quella che nella stessa conferenza è stata definita la conferenza da effettuarsi a Dartmouth nell'anno 2056, appunto la AI@100 e per la quale gli astanti si sono dati appuntamento.

A parte le varie previsioni a lungo termine e la promessa di ritrovarsi … per chi sarà ancora in vita, vale la pena guardare i titoli originali degli argomenti trattati la cui semantica è opportuno conoscere.

A questo scopo riporto qui di seguito i titoli originali dei lavori presentati rimandando i lettori interessati ai link che danno accesso ai documenti originali, alcuni dei quali si trovano alla fine di questo capitolo.

AI - Past, Present, Future

"What Was Expected, What We Did, and AI Today"

"The Emotion Machine", Marvin Minsky

The Future Model of Thinking

"A Large Part of Human Thought"

"What is the Right Model for 'Thought'?"

"The Approach of Modern AI"

The Future of Network Models

"From Pandemonium to Graphical Models and Back Again"

"From Brain Circuits to Mind Manufacture"

The Future of Learning & Search

"Learning and Education for Software: New Approaches in Machine Learning"

"Machine Learning - Past and Future”

"Learning to be Intelligent”

"Web Search as a Product of and Catalyst for AI”

The Future of AI

"Intelligence and Bodies"

"Routes to the Summit"

"In Pursuit of Artificial Intelligence: Reflections on Challenges and Trajectories"

The Future of Vision

"Intelligent Medical Image Analysis: Computer Assisted Surgery and Disease Monitoring"

"Artificial Intelligence Vision: Progress and Non-Progress"

"A Critique of Pure Vision"

The Future of Language and Cognition

"The Birth of Array Theory and Nial"

"Why Natural Language Processing is Now Statistical Natural Language Processing"

"Intelligent Behavior in Humans and Machines"

"Why We Can Be Confident of Turing Test Capability Within a Quarter Century"

The Future of the Future

"Why We Can Be Confident of Turing Test Capability Within a Quarter Century"

AI and Games

"Games as a Test-bed for Artificial Intelligence Research"

"Chess and AI"

"Principle Positions in Deep Junior's Development"

Future Interactions with Intelligent Machines

"Making Bodies Smart"

"From Building Intelligences to Nurturing Sensibilities"

Future Strategies for AI

"Self-improving AI: An Analysis"

"The Logicist Manifesto", Selmer Bringsjord

"Is There a Future for AI Without Representation?"

Future Possibilities for AI

"Survival as a Digital Ghost"

"Did You Leave That 'Contraption'Alone With Your Little Sister?"

"The Status of Machine Ethics"

"Computation, Coherence, and Ethical Reasoning"

Credo che a questo punto chi avesse letto anche solo il 10% dei documenti originali citati sopra ne sappia più di molti esperti che pubblicamente parlano di questi argomenti e … non è finita, nel prossimo capitolo troverete un'altra conferenza, quella del 2006, ed i relativi documenti altrettanto importanti … per chi volesse conseguire un "dottorato sull'Intelligenza Artificiale", anche se non è lo scopo di questo primo libro della serie.

Per completare l'escursus sulle convention di Dartmouth e ad uso di chi volesse fare ricerche, anche attraverso i nominativi dei partecipanti, riporto qui di seguito i nomi degli ingegneri e degli scienziati che vi hanno partecipato.

Partecipanti dell'originale convegno del 1956

John McCarthy (Stanford),

Marvin Minsky (MIT)

Trenchard More (IBM retired)

Ray Solomonoff (London)

Oliver Selfridge (MIT)

Five of the attendees of the 1956 Dartmouth Summer Research Project on AI reunited in 2006: Trenchard More, John McCarthy, Marvin Minsky, Oliver Selfridge, and Ray Solomonoff.

Dall'immagine mancano dalla conferenza del 1956 Arthur Samuel, Herbert Simon, Allen Newell, Nathaniel Rochester e Claude Shannon.

Partecipanti nuovi del 2006

Ron Brachman (Yahoo! Research)

Rod Brooks (MIT)

Alan Bundy (Edinburgh)

Shay Bushinsky (Haifa)

Eugene Charniak (Brown)

Richard Granger (Dartmouth)

Eric Grimson (MIT)

Geoffrey Hinton (Toronto)

Eric Horvitz (Microsoft Research)

Leslie Pack Kaelbling (MIT)

Takeo Kanade (Carnegie Mellon)

Ray Kurzweil (Kurzweil Technologies, Inc)

Pat Langley (Stanford)

Hector Levesque (Toronto)

David Mumford (Brown)

Nils Nilsson (Stanford)

Peter Norvig (Google)

Edwina Rissland (Massachusetts)

Daniela Rus (MIT)

Stuart Russell (Berkeley)

Jonathan Schaeffer (Alberta)

Terry Sejnowski (SALK Institute)

Bart Selman (Cornell)

Sherry Turkle (MIT)

Anche in Europa, e precisamente in Svizzera ad Ascona, si è tenuta nel 2006, in parallelo a Dartmouth e quasi in competizione, una conferenza con la partecipazione di scienziati americani e che per completezza storica non poteva mancare in questo primo libro della serie. Ne trattiamo nel prossimo capitolo e per gli interessati ad approfondire quanto realizzato in questa conferenza che è una pietra miliare del nuovo millennio suggerisco di accedere ai documenti pubblicati in internet dai conferenzieri.

CONFERENZA ASCONA (CH) 2006

E' tra il 9 ed il 14 luglio del 2006 che si è tenuta in Europa, presso il Centro Stefano Franscini, Monte Verità, Ascona, Svizzera, una conferenza in memoria del cinquantesimo della prima riunione fondativa dell'AI vista nei capitoli precedenti.

Questa riunione è meno nota di quella contemporanea di Dartmouth ma i suoi contenuti, come vedremo, non sono meno importanti per quello che stiamo studiando.

Anche per questo incontro l'obiettivo è stato quello di celebrare il 50° anniversario dell'Intelligenza Artificiale, di valutarne il punto d'arrivo alla data, di riunire alcuni scienziati provenienti da diverse discipline e soprattutto di attrarre giovani ricercatori per favorirne lo slancio in questo emozionante campo delle scienze.

Analogamente a Dartmouth, seppure con diverse modalità, si sono affrontate discussioni da un punto di vista storico, sugli scambi scientifici, sullo stato della tecnologia, e su speculazioni sul futuro.

Inoltre, si sono considerate le necessarie correlazioni interdisciplinari richieste per avere successo nei futuri sviluppi e che portano alla necessità di nuove prospettive politiche e formative. I partecipanti ad Ascona si sono concentrati su una moltitudine di argomenti che vanno dall'analisi storica alle prospettive di lungo termine, per finire a cose pratiche di domani come il riconoscimento vocale e testuale, la linguistica, la bionica e la coscienza.

Il convegno di Ascona ebbe un notevole seguito e fu finanziato da entità private quali il centro svizzero Stefano Franscini, la Neuronies AG, la Swisscom Innovations la Matek, la Migros.

Inoltre è doveroso segnalare come dal 1988, nel Canton Ticino, non lontano da Ascona, operasse dal 1988 un centro di studi per l'Intelligenza Artificiale (Istituto Dalle Molle, oggi IDSIA) la cui attività compete a pieno diritto con quelle degli avanzati centri americani. Molti degli argomenti trattati ad Ascona hanno esplorato situazioni ed oggetti analoghi a quelli visti a Dartmouth, ma anche in modo diverso ed un po' più rivolto al mondo universitario, grazie alla presenza del Politecnico Federale di Zurigo (ETH). Nel seguito desidero limitarmi a riportare alcuni concetti interessanti che si evincono dai documenti sulle discussioni intervenute ad Ascona rimandando gli interessati ai documenti originali in inglese.

Si è osservato come il punto di vista originale di Intelligenza Artificiale potesse essere visto essenzialmente come un programma per computer, una serie di algoritmi per l'elaborazione di simboli, che desse vita a molte applicazioni utili, come in effetti oggi avviene ad esempio, nei motori di ricerca che operano in Internet.

Si è anche rilevato come alla data fossero operativi programmi di riconoscimento vocale per elettrodomestici ed in generale un'ampia strumentazione elettronica di consumo in grado di trarre profitto dalla materia nata nel 1956 a Dartmouth.

Tutto questo però, si faceva notare, come si fosse ancora ben lontani da un vero progresso verso la comprensione delle forme di intelligenza naturale che si sarebbe voluto emulare. In effetti quello che mancava non era tanto la tecnologia, ma il capire il modello da cui apprendere o, per dirla in gergo tecnico, come effettuare il "reverse engineering" della nostra mente. In effetti si è notato come solo dal 1980 si sia cominciato a capire meglio l'interazione tra il corpo, il cervello e l'ambiente e di come l'intelligenza emerga da tale interazione.

La comprensione di tutto questo ha portato ad un modo completamente nuovo di pensare che andava ben oltre l'Intelligenza Artificiale "semplificata" quale era quella conosciuta fino ad allora, ma portava verso lo sviluppo di agenti intelligenti, organismi artificiali nuovi o, meglio, robotici. Questo portava, secondo gli scienziati convenuti, a considerare sistemi intelligenti adattivi in grado di agire in ambienti molto incerti e imprevedibili e quindi a prendere in considerazione nuove e inattese prospettive per lo sviluppo, da intraprendere per l'informatica del terzo millennio.

È a questo punto che ad Ascona si è passati meritatamente e più praticamente a rivedere la storia dell'Intelligenza Artificiale per, più modestamente, sceglierne alcuni aspetti promettenti nel breve termine e quindi svilupparli tecnicamente.

In un escursus storico si è accennato a come per lungo tempo gli esseri umani avessero ritenuto erroneamente di comprendere come noi creiamo le nostre opere e quindi di poter costruire macchine intelligenti simili a noi, replicando il nostro comportamento intelligente.

Ripercorrendo il passato in un documento, si citava addirittura come la tradizione ebraica comprendesse racconti di un certo Golem, un automa pensante creato con l'argilla del fiume Moldava.Venne citato anche Leibniz che, nel 17 ° secolo, descrisse una macchina pensante dotata di un linguaggio universale artificiale basato solo su simboli ed in grado di concepire concetti e seguire regole. Si fece presente, sempre nei documenti di Ascona, che solo mezzo secolo prima Norbert Wiener aveva inventato la Cibernetica e Gray Walter stesse costruendo tartarughe robotiche.

Inoltre si citava Il matematico inglese Alan Turing che aveva proposto il suo molto discusso sistema di come determinare se una macchina fosse intelligente, il "test di Turing", di cui tratteremo nel seguito.

Sempre guardando al passato, ad Ascona si notava come negli anni cinquanta del secolo scorso l'avvento del computer d'uso generale avesse modificato sostanzialmente le ambizioni di molti tecnici, lasciando ingenuamente sperare che l'Intelligenza Artificiale fosse ormai alla portata della tecnologia.

È a questo punto che ad Ascona sono stati ricordati, Marvin Minsky, John McCarthy, Allen Newell, Nathaniel Rochester, Claude Shannon e Herbert Simon che nel 1956, riuniti all'Università di Dartmouth, come visto precedentemente, con i loro lavori sono diventati i padri dell'Intelligenza Artificiale moderna.

Anche qui come nell'AI@50 a Dartmouth, si fece risalire a quella data il concetto di come la conoscenza delle funzioni che operano nell'intelligenza potessero, in linea di principio, essere descritte in modo tale che una macchina costruita in conformità a esse fosse in grado di emulare la nostra intelligenza.

Ed anche ad Ascona si confermava come fosse stato quello lo spunto iniziale che ha convinto molti ad impegnarsi nella realizzazione di sistemi artificiali con l'obiettivo dichiarato di emulare le capacità umane. Quell'impulso, infatti, pur essendo ancora lontano dall'aver ottenuto il raggiungimento dell'obiettivo pensato allora, nelle considerazioni finali del convegno si rendeva il merito di aver provocato la realizzazione dei così detti sistemi esperti.

Si sono così realizzati sistemi per risolvere problemi specifici, come il "Data Mining", per profilare i clienti, la logica fuzzy (o sfumata) basata su un ragionamento che attribuisce ad una proposizione un grado di verità compreso tra uno e zero, per non parlare delle reti neurali artificiali utilizzate nel controllo intelligente di robot, di elettrodomestici e di elettronica di consumo.

Sono state considerate l'ottimizzazione evolutiva per la progettazione di antenne, di circuiti elettrici, di turbine, ecc. così come la statistica ed il "Machine Learning" utilizzate nel campo della genomica e della proteomica che studia le proteine cellulari.

Nonostante questi esempi e molti altri in cui l'Intelligenza Artificiale si è dimostrata efficace prima dell'anno 2006, comunque a quella data era chiaro che non erano stati raggiunti gli obiettivi originali degli scienziati del 1956, come non lo sono ancora a tutt'oggi.

"Il Santo Graal dell'Intelligenza Artificiale, cioè la creazione di un'intelligenza paragonabile a quella dell'uomo, è rimasto e rimarrà ancora per molto tempo inafferrabile", così concludevano il loro lavoro ad Ascona. Già allora si era chiaramente capito che l'intelligenza naturale è ben lungi dall'essere compreso e le varie forme artificiali di intelligenza erano ancora molto primitive e ben lontane dall'intelligenza naturale.

Si notava come anche compiti apparentemente molto semplici, quali la manipolazione di oggetti ed il loro riconoscimento, compiti alla portata di un bimbo di 3 anni, non erano stati realizzati artificialmente.

Si valutava infatti come la ricerca fino a quel momento non conoscesse molto del cervello biologico e come raggiungesse le sue notevoli funzionalità, né tanto meno come queste funzionalità si sviluppassero nel bambino e come fossero sorte nel corso dell'evoluzione.

Importanti altre considerazioni riguardavano inoltre come si fossero generati i processi culturali e sociali che avevano contribuito a plasmare l'intelligenza umana. Infatti, le teorie note sulla intelligenza naturale erano ancora molto carenti e, nonostante i progressi impressionanti, le tecnologie necessarie per la costruzione di sofisticati sistemi artificiali non erano ancora disponibili. Persino le capacità dei migliori robot noti erano ben lungi da quelle degli animali più semplici.

Ecco che l'interessante convegno Europeo di Ascona giunse all'importante conclusione di come si dovesse operare un salto importante per scoprire ancora molto quello che riguarda la natura. Non esisteva ancora una teoria generale, un quadro che spiegasse che cosa sia il pensiero e come costruire macchine veramente intelligenti.

Non si trovava alcuna risposta chiara di ciò che fosse l'intelligenza naturale, risposta che costituisse la chiave per la creazione di un'intelligenza artificiale come la intendiamo.

Dopo questa conclusione apparentemente pessimistica comunque gli scienziati presenti utilizzarono tutte queste serie di analisi dello stato dell'arte per proporre il da farsi per il futuro e questo è quanto più ci interessa ora. Vediamo nel seguito queste considerazioni che oggi possiamo a buon diritto considerare storiche ed illuminanti. Si disse che si dovevano percorrere alcune ben determinate strade e puntare su obiettivi già allora concettualmente realizzabili prima ancora di cercare di perseguire i sogni dei nostri antenati.

Negli anni cinquanta del secolo scorso si concepiva il nostro cervello come una sorta di metafora del computer il cui programma, che si trova da qualche parte nel nostro cervello, esegue un enorme quantità di simboli e di dati. Da allora l'informatica ha avuto un impressionante sviluppo ed ha ottenuto molti successi in un mare di applicazioni e soprattutto nell'ingegneria.

Addirittura ad Ascona si citò la vittoria nel maggio 1997 del supercomputer IBM (Deep Blue) contro il campione del mondo di scacchi, Garry Kasparov. Questa, si confermava essere una visione riduttiva di intelligenza, probabilmente derivata dagli ambienti dell'informatica e dal puro calcolo matematico a cui può farsi risalire il gioco degli scacchi e non ad altro.

Alla fine del secolo scorso si era già evidenziato che intendere l'intelligenza come mero processo computazionale non potesse spiegare l'intelligenza naturale e tanto meno le forme di adattamento di cui l a nostra intelligenza dispone. Infatti l'intelligenza richiede un organismo fisico che interagisce con il mondo reale: in altre parole, l'intelligenza richiede un corpo vivo.

Ad Ascona si osservava come un nuovo e interessante approccio dovesse nascere per comprendere l'intelligenza e cambiare il paradigma che vedeva solo gli aspetti "informatici" del problema per spostarsi sul comportamento adattativo del corpo vivente, in totale contrasto con la visione incorporea considerata fino allora.

L'attenzione così era spostata verso un nuovo paradigma che si concentrava su sistemi che debbano interagire nel mondo reale, nel vero mondo fisico e sociale, cosa oggi diventata chiara a tutti, ma che nel 2006 è stata un'illuminata conquista di pensiero.

Le implicazioni di questo cambiamento di prospettiva erano di vasta portata e difficilmente prevedibili allora, ma già fertili di conseguenze pratiche. Con il cambiamento di paradigma che passa dal semplice calcolo a una prospettiva di sistemi inclusivi, sono notevolmente cambiate le discipline nell'Intelligenza Artificiale, sia teoriche e sia di applicazione all'ingegneria.

E così gli sforzi nei campi della ricerca si sono spostati verso la comprensione dei meccanismi di livello inferiore ed i relativi processi sottostanti sul comportamento intelligente e quindi la realizzazione di forme superiori di intelligenza, partendo da quelle dei livelli inferiori, più semplici.

Ecco che proseguendo questo interessante approfondimento dei temi di base ad Ascona si sono descritte le basi sulla "cognizione" e "azione" come il risultato di un unico sviluppo piuttosto che un qualcosa che possa essere "programmato" in un robot e questa ricerca richiama proprio quanto osserviamo nello sviluppo del bambino. Si sono così impostati allora i metodi di progettazione automatizzati che prendono in prestito concetti propri dall'evoluzione biologica (ontogenesi) e che hanno oggi fornito nuove conoscenze sulla natura stessa dell'intelligenza naturale.

CONFERENZA A ASILOMAR (USA) 2017: BENEFICIAL AI

La grande conferenza e con l'ampia partecipazione che si è tenuta ad Asilomar tra il 5 e 8 gennaio 2017, riunendo un gran numero di esperti provenienti dal mondo accademico e da quello industriale, ha portato un contributo che vale la pena di conoscere.

Si sono trattati in modo esteso in sostanza tutti gli argomenti che riguardano la moderna AI, che ha dato origine a una poderosa documentazione specialistica che richiederebbe mesi per essere letta completamente. Alla fine di questo capitolo riporto alcuni tra i titoli significativi che ho selezionato per i lettori di questo primo libro della serie ed i link internet per accedervi o scaricarli.

Asilomar Conference, January 2017. Gruppo di ricercatori che hanno partecipato: Cornell, Tesla, Google, Berkeley, Deep Mind, Oxford, Microsoft, IEEE, IBM, MIT, Stanford, IDSIA, AAAI, etc.

Ad Asilomar si sono discussi argomenti come l'utilizzo etico e politico di quella che possiamo ormai considerare "l'arma dell'AI" e leggendone l'argomentazione si può fare un parallelo con quanto venne discusso tra scienziati negli anni Cinquanta del secolo scorso sull'utilizzo dell'energia atomica.

Di interesse generale risulta senz'altro il documento che definisce i "23 Principi" a cui lo sviluppo della AI, secondo i convenuti ad Asilomar, dovrebbe sottostare e che sono stati sottoscritti da centinaia di scienziati e industriali di tutto il mondo, tra cui anche personaggi molto noti come Elon Musk, Stephen Hawking, Jaan Tallinn, Demis Hassabis, Ray Kurzweil, Paolo Traverso e molti altri

Ritengo di particolare utilità conoscere le conclusioni a cui il convegno è pervenuto e ne riporto, riassumendoli, i 23 punti pubblicati.

1) L'obiettivo della ricerca non deve essere di creare un'intelligenza senza scopo, ma per il bene di tutti.

2) Gli investimenti devono contemplare anche quelli per la ricerca che ne assicuri l'uso benefico.

3) Deve esserci uno scambio costruttivo e onesto tra ricercatori dell'AI ed i responsabili politici.

4) Una cultura di cooperazione, fiducia e trasparenza deve essere promossa tra i ricercatori e gli sviluppatori di AI.

5) I gruppi che sviluppano sistemi di Intelligenza Artificiale devono cooperare per evitare tagli agli standard di sicurezza.

6) I sistemi di Intelligenza Artificiale devono essere sicuri, protetti e verificabili per tutta la loro vita operativa

7) Se un sistema AI provoca danni, deve essere possibile accertarne la causa.

8) Se un sistema autonomo è coinvolto in una azione legale deve fornire spiegazioni soddisfacenti e verificabile da un'autorità umana competente.

9) I progettisti ed i costruttori di sistemi avanzati di AI sono responsabili delle implicazioni morali per il loro uso corretto e le azioni e che ne derivano

10) I sistemi di AI ad elevata autonomia devono essere progettati in modo tale che i loro obiettivi e comportamenti siano allineati con i valori umani durante tutto il loro funzionamento.

11) I sistemi di Intelligenza Artificiale devono essere progettati e gestiti in modo da essere compatibili con gli ideali di dignità umana, diritti, libertà e diversità culturale.

12) Deve essere possibile per le persone accedere, gestire e controllare i dati che i sistemi di Intelligenza Artificiale sono in grado di raccogliere e analizzare.

13) L'utilizzo della AI non deve limitare irragionevolmente la libertà reale o percepita delle persone.

14) Le tecnologie AI devono beneficiare e potenziare il maggior numero possibile di persone.

15) La prosperità economica originata dall'AI deve essere ampiamente condivisa ampiamente da tutta l'umanità.

16) Sta agli uomini scegliere come e se delegare le decisioni ai sistemi di AI al fine di raggiungere obiettivi scelti dall'uomo stesso.

17) Il potere ottenuto dal controllo di sistemi AI molto avanzati deve rispettare e migliorare, e non sovvertire, i processi sociali e civici da cui dipende il benessere della società.

18) Deve essere impedita la corsa agli armamenti con armi autonome letali.

19) Qualora non vi fosse consenso vanno evitate ipotesi riguardo ai limiti superiori per le future capacità di AI.

20) AI avanzata potrà rappresentare un profondo cambiamento nella storia della vita sulla Terra e dovrà essere pianificata e gestita con attenzione e risorse adeguate.

21) I rischi posti dai sistemi di intelligenza artificiale, in particolare i rischi catastrofici o esistenziali, devono essere assoggettati a pianificazione e mitigazione adeguatamente al loro prevedibile impatto.

22) I sistemi di Intelligenza Artificiale progettati per auto-migliorarsi in modo iterativo o auto-replicarsi e che contribuiscono ad un rapido aumento della qualità o della quantità, devono essere soggetti a rigorose misure di sicurezza e controllo.

23) La super intelligenza deve essere sviluppata solo al servizio di ideali etici ampiamente condivisi ed a beneficio di tutta l'umanità e non solo a beneficio di uno stato o un'organizzazione.

I link seguenti danno accesso a documenti di vitale importanza per la AI prodotti nella conferenza ad Asilomar.

AI Asilomar Principle: https://bit.ly/2jPLY2V

Pessimism Is Great For Machine Learning: http://bit.ly/2pihZ5F

Engineering at Open AI: http://bit.ly/2ofnt22

Open AI: http://bit.ly/2ofnzXb

Robotics Ai And Macro Economy: http://bit.ly/2oPq45Q

Recursive Self Improvement: http://bit.ly/2nRKAxO

Public Risk Management For AI: http://bit.ly/2nvgG72

Humans Machines - Future Of Work: http://bit.ly/2oTL0bn

Interaction Between Ai and Governance Problem http://bit.ly/2oTtrbv

Human Preferences and Human Control For Reinforcement Learners: http://bit.ly/2nv8qUP

Scalable Ai Control: http://bit.ly/2oncPrR

Alternative Specifications in Machine Learning: http://bit.ly/2oWbypG

Regulation For Autonomous Systems: http://bit.ly/2ofSEf59

Provably Beneficial AI: http://bit.ly/2ofeYE2

Safe Behavior in Open Worlds: http://bit.ly/2oPHM9b

DOVE STIAMO ANDANDO

Se a questo punto nella lettura non vi siete spaventati, se avete compreso quanto è stato discusso fino a qui ed i progressi ottenuti nelle riunioni svoltesi nel 1956 a Dartmouth e nel 2006 a Dartmouth e ad Ascona riportati in precedenza, allora siete pronti a proiettarvi verso una conoscenza più approfondita dell'AI.

Va osservato come gli oggetti nel mondo reale, siano essi frutto dell'evoluzione biologica o il prodotto dell'ingegno umano, sono molto complessi e con la coscienza di questa complessità dovremo confrontarci.

La difficoltà quindi per comprendere l'argomento che trattiamo, anche se in modo divulgativo, non è da poco ed è facile perdersi o peggio pretendere di poter conoscere e capire tutto.

Come anticipato in premessa, il termine apparentemente molto semplice di "Intelligenza Artificiale" non solo abbraccia una vastissima tematica tecnologica ma è fuorviante, perché è proprio l'intelligenza stessa che non comprendiamo ancora.

Inoltre, questa intrinseca complessità è talmente vera che qui, per procedere, dovremmo abbracciare tematiche che vanno dal mondo biologico al mondo artificiale ed infatti le loro analisi hanno richiesto la collaborazione di ricercatori provenienti da molti campi diversi in termini di discipline di ricerca. Si potrebbe dire che ci troviamo di fronte alla sintesi di millenni di progressi messi insieme e confluenti tutti nel tentativo, ancora non riuscito, di replicare ciò che siamo.

La robotica, tanto cara agli scrittori di fantascienza, è ora argomento scientifico ed integra informatica, biomeccanica, scienza dei materiali, biologia, neuroscienze ed anche filosofia, trattando argomenti ad alto livello come la psicologia e la linguistica per scendere ai servomotori ed ai sensori di cui i robot devono disporre per poter agire.

La pervasività e l'interdisciplinarietà rendono pertanto l'Intelligenza Artificiale non già uno specialistico settore delle scienze o della tecnologia, ma come un gigantesco polipo che abbraccia campi prima lontanissimi e la cui conoscenza interdisciplinare diventerà sempre più parte fondamentale per il suo progresso. Costruire un robot efficace richiede il trasferimento in meccanismi artificiali le conquiste della neuroscienza e così per molte altre applicazioni future, oggi non prevedibili.

Verso quale futuro stiamo quindi muovendoci con passi sempre più veloci? Sicuramente la tendenza è di estendere l'AI ben oltre i confini definiti nel convegno fondativo del 1956 a Dartmouth e verso un più ampio studio dell'interazione tra corpo, cervello e ambiente e di far emergere le azioni di intelligenza da tali interazioni.

È diventato evidente che molti campi come linguistica, scienze cognitive, robotica, scienza dei materiali, neuroscienze e lo studio della formazione degli organi (morfogenesi) siano fondamentali se si vuole avanzare nella comprensione di come funziona il nostro cervello e tutti questi campi devono ora progredire in parallelo. I robot, o comunque strumenti artificiali dotati di capacità di movimento e di manipolazione, saranno sempre più in grado di agire autonomamente imparando dall'ambiente.

L'interazione sociale e la nascente "Swarm Intelligence" che mutua concetti di amplificazione dell'intelligenza dallo studio degli sciami d'api ed altri insetti, troverà applicazioni nelle comunità umane. Ci sono importanti sviluppi nell'applicazione della AI nel mondo industriale per quanto riguarda i decisori, ed argomenti che vanno sotto la definizione di "Cognitive Enterprise Lab" diventeranno sempre più di attualità.

Acquisito che l'intelligenza umana è il risultato di una complessa evoluzione che interessa tutto il corpo e non solo il cervello e che è quindi distribuita in tutto il corpo, questa realtà biologica porterà presto ad imitarne il processo in sistemi artificiali. Già oggi si sa bene che i sistemi, che non sono controllati centralmente o non dispongono di una struttura gerarchica rigida, tendono ad essere più robusti ed adattabili verso influenze esterne anche impreviste.

Ci sarà un grande sviluppo di sistemi dotati di sensori e attuatori che agiscono in modo autonomo interagendo con l'ambiente come già avviene con la guida automatica di automezzi. Impianti complessi avranno Intelligenza distribuita ovunque che controllerà ogni aspetto dell'impianto intervenendo in base ad ogni situazione anche imprevista e acquisendo conoscenza in campo. Parliamo di industrie 5.0, per usare un termine di moda, in cui tutto è prodotto automaticamente.

Anche i Governi, le entità finanziarie, compagnie aeree e le grandi reti commerciali potranno usufruire della capacità di auto-organizzazione dei sistemi di Intelligenza Artificiale distribuita, alleggerendosi dall'attuale ingombrante e lenta organizzazione gerarchica. Tutto questo richiederà di realizzare sistemi intelligenti in grado di elaborare informazioni non sempre interpretabili dai sensori e non prevedibili, senza che si debba ricorrere all'intervento di un'intelligenza umana.

Questa sarà una grande conquista che ormai è alla portata. Per capirci con un esempio ricorderò che uno degli incidenti mortali accaduti con un'auto guidata automaticamente fu dovuto al fatto che un imprevisto camion trasversale ha invaso l'area dell'auto in corsa.
Un umano avrebbe deciso o comunque tentato di evitarlo agendo in un modo non previsto … questo il sistema automatico non l'ha saputo fare e non lo ha nemmeno imparato per una futura eventualità.

La soluzione richiede una conoscenza da parte della macchina delle sue capacità di autonoma strutturazione della risposta in base alla semplice interazione con l'ambiente e questo richiede un grande salto in avanti della tecnologia che il futuro ci porterà. La creatività, la curiosità, le motivazioni, la capacità di scegliere e la capacità di prevedere la conseguenza alle proprie azioni saranno immesse nelle future macchine intelligenti e capaci di esplorare quali sono le attività che massimizzano non solo il risultato, ma anche le loro capacità.
Nei libri di fantascienza si cerca di realizzare robot motivati come ci appaiono gli esseri umani e così essere in grado di funzionare autonomamente nei loro ambienti. Questi robot quindi non si limiterebbero a svolgere compiti predefiniti, ma anche di apprendere in modo autonomo come migliorarsi per attendere ad altri compiti. Un argomento che entusiasma molti.

Questo porterà a studiare nuove dinamiche di gruppo e sistemi socialmente intelligenti. L'interazione tra discipline lontane come la neuroscienza ed i sistemi neurali artificiali porterà a grandi avanzamenti a quest'ultime che ne avvicineranno le capacità ai sistemi neurali umani. I sistemi di informazione troveranno il modo di auto-organizzarsi meglio grazie alle conoscenze che si acquisiranno nel trattare i sistemi dinamici e la biologia evolutiva.

L'ingegneria per la riabilitazione biologica subirà ulteriori importanti progressi con l'impiego sempre più massiccio di sistemi artificiali intelligenti. In questo campo i segnali bioelettrici, ormai ben mappati, porteranno ad un loro impiego per pilotare strutture robotizzate sempre più evolute.

Un'altra fonte di progresso difficilmente prevedibile nella sua interezza è il World Wide Web creato nel 1990 da Timothy Barners-Lee al CERN di Ginevra, solo pensando al suo successo in pochi anni e come abbia coinvolto miliardi di persone in tutto il mondo. Persino la direzione del CERN, dove sedevano le migliori menti della scienza, incredibilmente non vi credette e Barnrs Lee fu costretto ad andare negli Usa per poterlo realizzare ed oggi sappiamo quanto internet sia essenziale per l'Intelligenza Artificiale e l'impiego dell'Intelligenza Artificiale da parte di grandi aziende.

Sicuramente la nostra mente è congegnata in modo tale che le riesce difficile uscire dagli schemi e dalle conoscenze acquisite per cui, come sempre, più ci proiettiamo verso il futuro con le nostre previsioni e meno riusciamo ad azzeccarle. Di una cosa possiamo comunque già oggi essere certi: il futuro in un campo scientifico come questo è molto meno prevedibile di quanto lo sia stato fino ad ora … per cui attendiamoci molte sorprese e, comunque, risentiamoci anche noi nell'anno 2050 per discuterne.

Prima di procedere, chiariamo di che cosa stiamo parlando e cosa si intenda oggi in pratica per intelligenza artificiale con le prossime Appendici.

APPENDICE 1. BIG DATA

Ho deciso di approfondire già in questo primo volume un argomento che farà parte per la sua importanza e complessità di un prossimo libro in modo molto più esteso. Da un decennio il termine Big Data è entrato profondamente nell'uso comune e rappresenta le fondamenta della moderna AI applicata ad un vasto campo di attività umane.

Come spesso, il definire semanticamente argomenti di qualcosa di così complesso come questo porta facilmente a ritenere a prima vista che il tutto si riduca al fatto che oggi abbiamo grandi (Big) quantità di dati (Data) e che questo stia essenzialmente sotto il termine "Big Data", ma non è così, è molto di più e molto più profondo, come vedremo. Del resto l'informatica, nella sua essenza, è nata proprio per trattare grandi quantità di dati. Fin dalla sua nascita, fatture di aziende, elenchi telefonici, schede anagrafiche e persino le schede elettorali erano trattate con mezzi automatici già dalla fine del secolo diciannovesimo.

Quindi il semplice termine "Big Data", di sé stesso, è fuorviante. Se quindi di grandissime quantità di dati se ne gestiscono automaticamente da più di un secolo che cosa c'è di nuovo che abbia a che fare con l'AI e cosa indica questo nuovo capitolo, che prima non esisteva? La risposta a questa domanda è la chiave per capire cosa oggi si intenda con quel termine che non solo ha a che fare con la "quantità". La differenza sta proprio nel modo di correlare tra loro i dati e la disponibilità di moderni algoritmi di intelligenza artificiale che li gestiscono. Chiaro che la creazione di questi algoritmi di nuova generazione sono stati spinti dalle immense quantità di dati che oggi si generano in rete, ma si tratta di algoritmi che, volendo, sono applicabili anche a pochi dati.

Con i Big Data si apre così quel nuovo capitolo che in un mio articolo divulgativo ho definito come: **"L'era in cui finalmente un mio robot è capace di tirare fuori da un pagliaio quell'ago che avevo perso e che mi serve"**. Il pagliaio sono i dati ammucchiati a casaccio e l'ago è l'informazione, lì contenuta e che devo ritrovare rapidamente.

L'importanza del passaggio dalle vecchie tecniche di gestione delle banche dati alla moderna capacità di mezzi informatici di estrarre "solo" quello che mi serve e che devo utilizzare è ben comprensibile dall'esempio del medico visto nel capitolo "Demistifichiamo l'AI". In quel caso il sistema Watson di IBM, leggendo centinaia di migliaia di cartelle cliniche, aveva estratto solo quelle che servivano al medico per emettere la sua diagnosi. Quindi il moderno termine Big Data si riferisce essenzialmente agli algoritmi capaci di trattare tante variabili in poco tempo e con poche risorse di calcolo.

Qualche lettore informato sull'epoca dell'uso dei grandi mainframe degli anni Ottanta, potrà obiettare che anche allora si era in grado di gestire efficacemente le montagne di dati della NASA o dei sistemi di difesa americani, ed è vero. Solo che per farlo si impiegavano schiere di programmatori e decine di milioni di dollari in costosi computer. Oggi, con i giusti algoritmi e modesti computer del costo di migliaia di dollari, riusciamo agevolmente a fare tutto quello e meglio.

I Big Data fondamentalmente presuppongono nuove capacità di collegare fra loro le informazioni per fornire nuove connessioni tra le stesse e nuovi modelli per interpretarle. Si superano ora i limiti degli strumenti dei database tradizionali che, per esempio, io stesso ho impiegato come descritto nell'Appendice 2, quando utilizzai il data base relazionale dell'IBM sistema 38 per automatizzare un'attività umana.

Il principale obiettivo dei Big Data consiste nell'estrarre informazioni aggiuntive grazie anche alla moltitudine crescente dei dati disponibili, come avviene in rete all'aumentare del numero degli iscritti ai social. Si ottengono così tendenze del pubblico sempre più complete e corrette. Qualcuno è arrivato a predire che in un prossimo futuro persino le elezioni diventeranno inutili perché i Big Data sapranno in anticipo quei risulti rendendole superflue. Questa rivoluzione toccherà la vita di ogni singola persona, senza che ce ne accorgiamo.

Per capirci e comprendere l'importanza di quella così innocua definizione di Big Data, vediamo qualche esempio. Le società emettitrici delle carte di credito valutano il rischio anche individuando correlazioni insolite sulla situazione finanziaria delle persone. Ad esempio le persone che comprano i feltrini per i mobili rappresentano i clienti migliori per gli istituti di credito, perché più propensi a pagare i propri debiti alle giuste scadenze. I noti metodi di raccomandazione utilizzati da parte di Amazon, ci propongono acquisti utilizzando i dati provenienti dalla nostra navigazione in rete, dai nostri acquisti, dai prodotti che ricerchiamo e così ci **suggeriscono i prodotti più adatti a noi**. Si riesce ad individuare dai dati se una donna è incinta e quindi le si offrono i prodotti adatti al suo stato ed anche offerte speciali adatte solo a lei.

Leggo inoltre in documenti pubblicati in rete come con i Big Data oggi si realizzino la distribuzione delle forze di polizia nei luoghi probabilmente più problematici, l'analisi genomica per migliorare la resistenza delle specie agricole alla siccità, l'analisi genomica per la valutazione degli esseri viventi ed un'infinità di altre applicazioni che si stanno diffondendo in molte industrie. Tutto questo sembra davvero fantascientifico, ma in realtà è solo una piccolissima parte di quello che i Big Data possono fare.

Anche il mondo imprenditoriale ne è positivamente pervaso con i "Big Data Analytics", processi di raccolta e analisi di grandi volumi di dati da cui estrarre, con opportuni algoritmi, quelle informazioni nascoste che consentono alle aziende di capire le situazioni di mercato ed il comportamento dei clienti, permettendo loro di decidere efficacemente cosa, quanto e come produrre.

I Big Data Analytics sono predittivi in quanto anticipano gli eventi del mercato con buona probabilità in base a grandi quantità di dati storici e non solo: individuano le correlazioni nascoste e determinano con buona approssimazione cosa succederà in un futuro prossimo, fornendo alle aziende una solida base per le loro scelte. Nel "Pubblico" l'utilità dei Big Data Analytics si esplica fornendo a chi governa previsioni affinché un certo evento accada e misurando la società nel suo complesso. Questo porterà in prospettiva a prevedere crisi economiche, epidemie, diffusione di opinioni, distribuzione delle risorse economiche, bisogni di mobilità con un buon grado di certezza.

Mi piace riportare a conclusione di questo capitolo quanto lo scienziato Dave Menninger di Greenplum immagina: "Il nostro pianeta è diventato un organismo vivente, che comunica continuamente e Internet ne rappresenta il sistema nervoso".

Certamente quale sia il volto umano dei Big Data è difficile dirlo. I pessimisti lo vedono come il Grande Fratello che ci spia ovunque, gli ottimisti come ciò che renderà la nostra vita più sicura, il nostro lavoro più efficiente e le cose di cui necessitiamo più economiche. Concludendo e riassumendo in modo tecnico e rifacendomi a definizioni della scuola recente, possiamo definire i Big Data nati come tali nel 2011 e, per differenziarli dal mondo precedente, come quegli insiemi di dati che soddisfano "tre V":

Volume: inteso come quantità elevate di dati, ossia a partire da decine di terabyte in su. I Big Data hanno volumi imponenti e ancora maggiori, se considerati al loro massimo livello di granularità.

Velocità: intesa come rapidità con la quale i dati vengono prodotti, che deve essere altissima. Un esempio è rappresentato dall'Internet of Things, che genera dati a velocità incredibili.

Varietà: intesa come diversità di formati, fonti e strutture. I Big Data possono presentarsi senza alcuna strutturazione.

Da queste definizioni ne discende che non sono insiemi analizzabili con le tecnologie tradizionali (data base relazionali, ecc.) e che comunque, con le vecchie tecnologie richiederebbero costi enormi per realizzarne utili analisi o inferenze predittive e ne so qualcosa ... **vedi quanto descrivo nella prossima appendice 2!!**

APPENDICE 2. ESEMPIO DI IMPIEGO AZIENDALE DI AI

Nei primi anni Ottanta del secolo scorso inconsapevolmente mi sono trovato a dover risolvere un problema gestionale che oggi si inquadrerebbe nel concetto di Intelligenza Artificiale. Desidero riferirlo qui perché per me rappresenta come le nuove tecnologie siano oggi importanti per il mondo aziendale e come allora abbia impiegato tre anni per riuscire a risolvere quel problema e investendo cifre enormi.

Ne ho parlato anche in un altro mio libro di marketing pubblicato recentemente ("Con Olivetti e Intel 20 anni di crescita felice ..." https://amzn.to/2AHQg9h), ma qui intendo spiegarne l'origine in modo più tecnico e come lo abbiamo risolto anche senza disporre degli attuali algoritmi di auto apprendimento.

Era l'anno 1981 e stavo crescendo con la mia società Eledra 3S Spa, anno in cui essenzialmente da rappresentante della Intel Corporation il mercato mi obbligava a trasformare la società portandola a diventare un ente multi-distributore di componentistica elettronica, ampliando la gamma dei prodotti trattati, aggiungendo nuovi fabbricanti come Texas Instruments, National Semiconductor, AMD ed altre.

In pratica dovevamo passare dal gestire le centinaia di prodotti Intel alle molte decine di migliaia di voci trattando questi fabbricanti. A quel punto per acquisire il know how necessario per gestire una tale quantità di componenti elettronici ed i relativi dati feci un salto a Los Angeles per visitare la Hamilton-Avnet ed il suo fondatore Mr. Anthony Hamilton, che conoscevo, allo scopo di capire come riuscissero a gestire oltre 100.000 voci quasi in tempo reale e servire il mercato americano.

Scoprii con grande sorpresa che non erano affatto più avanti di noi nella gestione computerizzata del magazzino e degli ordini fornitori, ma che il problema l'avevano risolto grazie ai loro più che mille dipendenti di cui un centinaio di product manager che gestivano gli acquisti. Chiaro che economicamente in Usa la cosa era possibile: con un mercato circa 20 volte più grande di quello italiano, quel numero di dipendenti o meglio, il rapporto fatturato diviso per dipendente era perfettamente allineato per realizzare dei profitti. Ma in Italia, con un mercato molto più piccolo, come fare a gestire un numero paragonabile di voci?

In Italia avevamo appena acquistato un IBM sistema 38 di massima configurazione ed avevamo automatizzato con programmi adattati a noi le normali procedure di gestione, magazzino, fatturazione, ecc. Rimaneva il gravissimo problema della gestione degli ordini ai fornitori che al momento erano nelle mani di 10 product manager, veramente bravi per la verità, ma come utilizzare lo stesso personale per gestire dieci, venti volte il numero di prodotti?

Impossibile senza automatizzare in qualche modo il processo. Attenzione, fatto importante, non si trattava semplicemente di girare ai fornitori gli ordini dei clienti, la nostra funzione sul mercato distributivo era di avere la possibilità di fornire a pronto dal magazzino i prodotti richiesti e che quindi dovevano essere ordinati in anticipo al fornitore.

IBM S38 di massima configurazione utilizzato nella mia azienda Eledra 3S Spa tra il 1981 ed i 1984 per emulare l'attività di un product manager nella gestione di decine di migliaia di voci di componentistica elettronica per servire il mercato italiano.

Iniziammo quindi un'analisi che oggi farebbe parte della moderna AI, cioè definire la logica che un buon product manager doveva usare per pre-ordinare in modo corretto al fornitore. Un product manager doveva ordinare il giusto, se ordinava troppo e non si vendeva saremmo falliti, se ordinava poco e non servivamo il mercato avremmo perso il contratto con i fabbricanti. Impiegammo tre anni per raggiungere l'algoritmo con cui il computer simulava quello che il miglior product manager avrebbe potuto fare.

Confrontavamo, infatti, l'output del computer con quanto avrebbe fatto il product manager operando su un numero limitato di voci.
Oggi si direbbe che quella prova dopo tre anni soddisfaceva il test di Turing. Per non lasciare nel mistero il lettore spiegherò brevemente come arrivammo alla nostra conclusione, con grande dispendio di tempo e di energie, non disponendo allora di reti neurali od altro che oggi faciliterebbero quella soluzione. Determinammo tutti i parametri che influivano sulla scelta e che erano una ventina: storia delle vendite, numero clienti, distribuzione delle quantità ai clienti, tempi di consegna, ordini in essere, ordini pianificati, forecast dei venditori, obsolescenza del prodotto, costo del prodotto con una classifica tipo ABC, ed altri.
Il problema era trovare l'equazione generale e che quindi andasse bene per tutte le voci di modo che il computer in coda notte (per realizzare tutti questi complessi calcoli e per tutte le voci occorreva che l'S38 fosse dedicato a quella sola attività) fornisse ogni giorno i suggerimenti al product manager di quello che avrebbe dovuto ordinare accompagnato dal valore in lire totale. Per raggiungere l'obiettivo sviluppavamo i vari funzioni per definire l'equazione generale su un PC, calcolando il risultato su una sola voce, poi inserivamo quell'equazione nel sistema S38 e gli facevamo calcolare il tutto per un centinaio di voci che poi, il product manager, ci restituiva con le sue obiezioni e quindi reiteravamo il processo.
Alla fine, arrivammo ad un algoritmo non lineare soddisfacente e la cui efficacia doveva comunque essere validata da ciascun product manager, per cui decidemmo di dividere i prodotti per importanza (A, B e C) dove i C rappresentavano in numero il 90% ed in valore il 10%. La decisione aziendale alla fine fu che il product

manager non dovesse perdere tempo per valutare i C, doveva cioè accettare quello che il computer gli suggeriva ed ordinarli, doveva invece verificare accuratamente i suggerimenti A del computer e decidere, mentre stava a lui se accettare o verificare anche i B.

In pratica eravamo riusciti a crearci un algoritmo che riduceva il tempo di lavoro di ogni product manager di almeno un fattore 10. Peccato che, come spiego nel mio libro citato all'inizio del capitolo, proprio mentre eravamo giunti a creare una multi-distribuzione in Italia per un analogo numero di voci della Hamilton e con un decimo del personale necessario, una sfortunata partnership con Olivetti distrusse quella mia società! (https://amzn.to/2AHQg9h)

Mi piace riportare qui di seguito parte della documentazione che conservo e che rileggendola, dopo aver studiato negli ultimi anni l'Intelligenza Artificiale, mi fa proprio dire che allora, come non mai, ne comprendemmo la necessità.

Parte della poderosa documentazione che descrive in dettaglio tutto il lavoro di analisi e programmazione, tra il 1981 ed il 1984, per utilizzare un IBM S38

Fotocopia a GP
il 16/10/81

DATI PER ARTICOLO

PCA = data primo carico

UCA = ,, ultimo carico

USC = ,, ultimo scarico

FAT1, 2, ... 12 = Quantità fatturata Gennaio, Feb., .., Dic

FAT1V, 2V, .. 12V = Prezzo medio di vendita Gennaio, Feb, ..., Dic (LIT)

CS 1, 2, ..., 12 = Costo medio Genn, Feb, .., Dic (LIT) del venduto

MAG = Quantità in magazzino

IMP = Quantità in portafoglio ordini clienti

ORF = Quantits in " " fornitori

TRAT = " ,, trattativa

TRATV = " " trattative vinte

NC1 = Numero clienti 1980+1981

NC2 = Numero clienti da Gen 1982

IMPM = Prezzo medio portafoglio ordini clienti (LIT)

ORFM = " " " ,, Fornitore (LIT)

TRATM = " " " ,, Trat (LIT)

TRATVM = ,, " " ,, Trat Vinte (LIT)

FAT81 = Qtà fatturata 1981

ABC = classificazione mensile ambito tutti gli articoli
DEF = classificazione mensile ambito stessa famiglia
} aggiornati mensilmente

ME = mesi di anzianità (data - PCA)
per i vecchi verificare a ritroso i costi

RAGR = raggruppamento

L'algoritmo per simulare la mente di un product manager prendeva in considerazione 20 variabili opportunamente legate fra di loro e con i dati contenuti nel data base relazionale del Sistema 38 (Big Data)

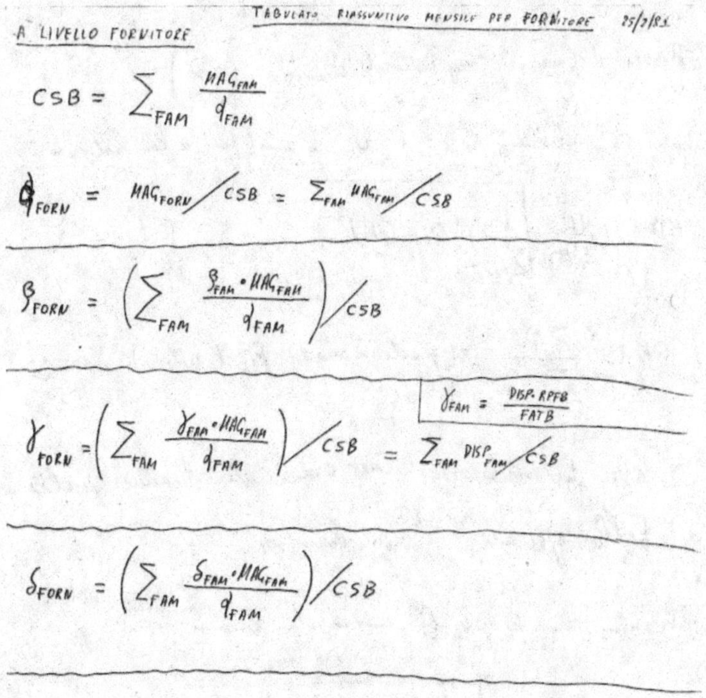

A LIVELLO FORNITORE

TABULATO RIASSUNTIVO MENSILE PER FORNITORE 25/7/81

$$CSB = \sum_{FAM} \frac{MAG_{FAM}}{q_{FAM}}$$

$$q_{FORN} = MAG_{FORN} / CSB = \sum_{FAM} MAG_{FAM} / CSB$$

$$\beta_{FORN} = \left(\sum_{FAM} \frac{\beta_{FAM} \cdot MAG_{FAM}}{q_{FAM}} \right) / CSB$$

$$\gamma_{FAM} = \frac{DISP \cdot RPFB}{FATB}$$

$$\gamma_{FORN} = \left(\sum_{FAM} \frac{\gamma_{FAM} \cdot MAG_{FAM}}{q_{FAM}} \right) / CSB = \sum_{FAM} DISP_{FAM} / CSB$$

$$\delta_{FORN} = \left(\sum_{FAM} \frac{\delta_{FAM} \cdot MAG_{FAM}}{q_{FAM}} \right) / CSB$$

Parte delle variabili ed il loro legame con vari parametri

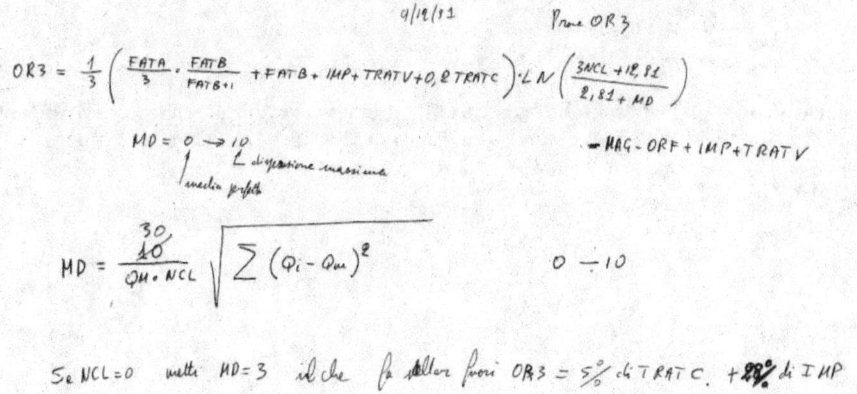

9/12/81 Prove OR3

$$OR3 = \frac{1}{3} \left(\frac{FATA}{3} \cdot \frac{FATB}{FATB+1} + FATB + IMP + TRATV + 0{,}2\,TRATC \right) \cdot LN \left(\frac{3NCL + 12{,}81}{2{,}81 + MD} \right)$$

$MD = 0 \rightarrow 10$ (0: media perfetta; 10: dispersione massima)

$- MAG - ORF + IMP + TRATV$

$$MD = \frac{\cancel{10}\ 30}{QM \cdot NCL} \sqrt{\sum (Q_i - Q_m)^2} \qquad 0 \div 10$$

Se NCL=0 metti MD=3 il che fa stallar fuori OR3 = 5% di TRATC. + 20% di IMP

OR3 era il risultato dell'algoritmo per coprire il fabbisogno di 3 mesi tenendo conto delle statistiche di vendita storiche e il forecast sul futuro

9/12/81

MD Misura dispersione Fatturato clienti (xx)

Detto CL_i il cliente i e Q_i la quantità a lui fatturata

$$MD = \frac{10}{QM} \sqrt{\frac{1}{\sum_i CL_i} \sum_i (Q_i - QM)^2}$$

dove

$$QM = \frac{\sum Q_i}{\sum CL_i}$$ (quantità media per cliente)

I CL_i da considerarsi devono essere tutti tranne quelli della tabella speciale "cliente-fornitore".

Dispersione indipendente dal numero dei clienti.

$$MD = \frac{10}{QM \cdot NCL} \sqrt{\sum_i (Q_i - Q_M)^2}$$ compresa tra ϕ e 10

$$\lim_{\substack{NCL \to \infty \\ Q_M \to \infty}} MD = 10$$

MD era uno dei parametri fondamentali di cui teneva conto l'algoritmo. Considerava la dispersione delle quantità ordinate sul numero di clienti che le avevano ordinate

APPENDICE 3. AI DAGLI ALBORI DEL TEMPO

Quanto trattato in questo libro e, per la verità, tutto quello che riguarda l'intelligenza artificiale, nasce ben prima del 1956, quando a Dartmound un gruppo di scienziati si è riunito e ne ha coniato il nome.

Non nasce nemmeno con l'avvento del computer del decennio precedente o con Alan Turing, se ci pensiamo bene, strumenti inventati per sostituire alcune funzioni mentali come il calcolo risalgono a millenni di anni fa.

Chi inventò l'abaco per contare avrebbe potuto benissimo chiamarlo "Strumento Intelligente Artificiale" per far di conto, o abbreviando, SIA … ma non ci aveva pensato.

Rimando ad un altro mio libro (Dalle Piramidi al Microchip") il lettore interessato alla cronologia degli eventi che si sono svolti con l'origine della civiltà (https://amzn.to/2EZNUVi)

Da quel libro, e per comodità del lettore che si interessi di fatti storici ho tratto i fatti e le relative date che hanno preceduto l'AI come definita nel 1956, e che ne sono state le fondamenta senza le quali ora non starei scrivendo questo libro.

Le profonde origini sono lontanissime nel tempo e, come ogni atto che l'umanità compie oggi, trova una sua spiegazione naturale ai tempi in cui la nostra creatività ha iniziato a svilupparsi.

L'umanità da millenni cerca di affrancarsi da ogni fatica fisica e di aiutarsi ingegnandosi a realizzare strumenti a questo fine per culminare oggi con la nostra AI.

L'utilizzo dell'energia dei fiumi e delle acque attraverso mulini si perde nella notte dei tempi e si è trasformata solo recentemente sotto forma di motori elettrici e termici che ci circondano in ogni dove e del cui impiego non potremmo più fare a meno.

L'uomo non ha solo cercato di amplificare la sua forza con macchine ma ha anche trovato modi e tecniche per coadiuvare le sue attività intellettuali come con la scrittura, il calcolo ed oggi l'AI.

Leggiamo come tutto è cominciato e si è evoluto nel tempo.

"Intorno al 4000 a.C. l'ordine immutabile stabilito dagli Dei si manifestò improvvisamente ed inspiegabilmente in forma scritta nella valle del Nilo.

Improvvisamente una forma avanzata di civiltà cominciò a contare, progettare, costruire e descrivere in forma scritta con i geroglifici quello che faceva.

Attraverso le sepolture di quell'epoca ci sono pervenute tombe decorate con quelli che possiamo ritenere un anticipo dei geroglifici, veri e propri disegni rappresentativi di cose e fatti che poi, improvvisamente intorno al 2.500 a. c., si organizzarono in una struttura in cui i suoni acquistano valori pari alle immagini per creare espressioni logiche, per comunicare, per rappresentare e per calcolare.

Contemporaneamente ed indipendentemente si sviluppava una scrittura anche in Mesopotamia, ma con struttura alquanto differente.

Mesopotamia o Egitto, comunque cominciò da qui il grande cammino verso il microchip, lo smartphone e l'intelligenza artificiale! Vediamone la cronologia.

Anno 4000 a.C. - I sumeri introducono una scrittura (che oggi chiamiamo cuneiforme per la presenza di alcuni simboli di quella forma) che veniva incisa su tavolette di argilla utilizzate come pagine di libro, scrittura ripresa dagli Assiro-Babilonesi e ritrovata a

Babilonia. Gli Assiro-Babilonesi disponevano di un sofisticato metodo per scrivere numeri anche grandissimi che avevano come base il 10 ed il 60. E' ancora aperta la questione se disponessero anche del concetto di "zero", come alcune incisioni lascerebbero supporre. Se ciò fosse provato, avrebbero anticipato di molto gli Indiani in questo concetto di "assenza di numeri", tanto utile nei calcoli e poi nei computer.

Anno 3000 a.C. - Il primo abaco appare in Babilonia ed il suo nome deriva dalla parola semitica per "polvere", dal modo con cui l'abaco primordiale veniva usato. In pratica era una tavoletta di legno su cui si spargeva della sabbia e sia la scrittura sia le operazioni di conto si svolgevano scrivendo con una punta nella sabbia. Il popolo che abita questa zona raggiungerà il suo massimo splendore intorno al 1.000 a.C. e la loro vasta produzione scientifica scritta comparirà in grandi biblioteche tra cui la più famosa a Ninevah.

2500 a.C. - Gli Egizi iniziano l'uso del papiro come supporto per la scrittura ed i calcoli e per riportare tutte le loro pratiche religiose e civili.

Ne sono giunti a noi molti ed in uno stato talmente perfetto da permetterci approfonditi studi su questa antica ed insuperata civiltà.

2400 a.C. - Nell'estremo oriente i giapponesi inventano il "soroban", una sorta di abaco con funzionamento simile a quello Babilonese.

Mentre i cinesi creano un loro abaco che chiamano "Suan Pan" e nella Russia asiatica circola il "tschoty", una versione modificata dell'abaco cinese.

1500 a.C. - La scrittura comincia ad assumere forme moderne grazie ai Semiti ed al loro alfabeto, appunto detto semitico, la cui forma si avvicina alquanto a quello da noi usato oggi.

1000 a.C. - Gli Egizi usano per i loro calcoli il primo sofisticato abaco con file di palline mobili.

500 a.C. - L'abaco moderno, come lo intendiamo noi oggi a righe e palline mobili, appare in Asia ed in Grecia

322 a.C. - Il grande filosofo greco Aristotile raccoglie quasi tutto il sapere di allora in una serie di scritti ed introduce i concetti fondamentali con cui opera la nostra mente nella sua "Logica".

Questo enciclopedico lavoro sarà la base da cui 2.300 anni dopo partirà George Boole per la stesura del suo trattato "Una investigazioni sulle leggi del pensiero" del 1854, pietra miliare per lo sviluppo teorico dei moderni Computer, grazie appunto all'algebra di Boole.

350 a.C. - Gli Indù inventano i numeri.

200 a.C. - In Asia occidentale nasce la carta pergamena.

63 a.C. Nella Roma antica, Marco Tullio Tiro inventa la stenografia

70 - Plinio il vecchio scrive la prima monumentale Storia della Natura.

1*05* - I Cinesi iniziano ad usare carta, penna ed inchiostro.

200 - Uno speciale vassoio per calcolare è usato sia in Cina sia in Giappone.

600 - Nasce in Cina una forma di manoscritto a fogli rilegati detto Codex. Il Codex può ritenersi il primo antenato del moderno libro.

800 - Gli arabi importano dall'India il nostro moderno sistema di numerazione.

868 - Il Diamone Sutra nasce con il metodo della stampa a blocchi: può considerarsi l'antenato della stampa di Gutenberg.

984 - Astrolabio Arabo realizzato da Ahmed e Mohamad per le misurazioni astronomiche.

1000 - Il Papa Silvestro II introduce importanti miglioramenti all'abaco

1614 - Il matematico scozzese John Napier inventa i logaritmi e regoli calcolatori per calcoli matematici.

1642 - La "Pascalina" del matematico francese Blaise Pascal, viene realizzata a Parigi. Si tratta di un sistema meccanico a ruote dentate in grado di eseguire operazione aritmetiche con numeri fino al 999.999.999 …. una meraviglia per allora!

1646 - L'inglese Sir Thomas Browne introduce per la prima volta il termine "Computer" in un suo scritto che definiva appunto "Computers" persone addette al conteggio del tempo mediante la formulazione di calendari".

1673 - Il filosofo e grande matematico Gottfried Leibnitz realizza la "ruota di Leibnitz", una macchina, quasi intelligente, in grado di compiere moltiplicazioni ed estrazioni di radici quadrate oltre a somme ed addizioni.

1738 - Il francese Jacques De Vaucanson (1709-1782) realizza una curiosa serie di sistemi automatici che chiama "Automa".

1820 - In Francia Charles Xavier Thomas realizza una completa macchina calcolatrice producibile in serie: ne saranno costruite 500.

1833 - Charles Babbage inizia la costruzione di un calcolatore a schede perforate, "il motore analitico" …. non riuscirà a completarlo, ma le basi del Computer programmabile sono gettate. La sua realizzazione pratica non era certo alla portata delle tecnologie dell'epoca, ma si può comunque affermare che tutti, compreso il Governo inglese, compresero l'importanza del progetto e contribuirono generosamente nel tentativo di realizzarlo. Il moderno Computer nasce quindi concettualmente nel 1833.

1834 - August Ada, amica di Charles Babbage e figlia di Lord Byron, pubblica i lavori relativi alla progettazione del Computer di Babbage e per questo diventerà anche lei famosa. Nel 1974 il linguaggio di programmazione Ada è stato così chiamato in suo onore.

1854 - Il matematico inglese George Boole sviluppa l'algebra binaria che ha preso il suo nome. Nel suo famoso volume "An Investigation of The laws of Thought" (Una investigazioni sulle leggi del pensiero) sviluppa quegli algoritmi che sono ancor oggi alla base della logica di tutti i Computer (l'algebra di Boole). Boole, riprendendo gli elementi fondamentali della Logica descritti ben 2400 anni prima dal filosofo greco Aristotile nel suo trattato "Organon" e basandosi sui concetti espressi dallo stesso Aristotele nel dedurre corrette sentenze dall'analisi delle premesse."Una sentenza può essere o vera o falsa, non esiste terza possibilità!", insegnava Aristotele, e su questo concetto Boole costruisce un'algebra i cui elementi numerici sono binari. I legami operazionali (le operazioni booleane) sono così rappresentativi di quegli elementi su cui oggi si fondano tutti i Computer: operatori OR, AND, NOR, ecc. ecc.).

1925 - Al MIT (Massachusetts Institute of Technology) alcuni professori capitanati dal Prof. Bush riescono a realizzare il primo calcolatore elettromeccanico di pratico impiego in grado di risolvere equazioni differenziali con 18 variabili indipendenti. Questo calcolatore sarà di grande aiuto per i calcoli balistici di applicazione militare.

1934 - In Germania Konrad Zuse delinea per la prima volta le tre unità fondamentali di un Computer: l'unità di controllo, la memoria e l'unità aritmetica. Su queste basi Zuse inizia la costruzione di una famosa serie di Computer elettromeccanici: la serie "Z" che con il modello Z3, realizzato nel 1939, si riesce a sommare numeri in un quinto di secondo e moltiplicarli in due secondi, utilizzando la tecnica della virgola mobile. Ad onore di Zuse va ricordato che la sua Z4, realizzata dopo la guerra in Inghilterra, ha costituito l'unico Computer funzionante in Europa fino al 1954.

1936 - L'inglese Alan Turing enuncia in un suo lavoro importanti concetti sulla costruzione di una macchina da calcolo. In pratica Turing introduce il concetto di CPU che esegue le istruzioni registrate su un programma a nastro perforato e che salta ad altra unità per compiere altre operazioni, come fa un moderno calcolatore.

È su questi concetti che verranno realizzati i primi Computer durante la seconda guerra mondiale, compreso l'inglese Colossus, con il quale gli alleati riuscirono a decriptare i messaggi generati dall'Enigma.

1939 - Lo scienziato di origine bulgara John Atanosoff realizza in America un Computer completamente a valvole termoioniche e senza alcun relè o parte meccanica. Questa è la prima macchina che potremmo chiamare "Computer", come noi oggi lo intendiamo ed infatti una Corte distrettuale sentenzierà negli anni settanta che l'invenzione del Computer elettronico è da attribuirsi ad Atanosoff e non ai costruttori dell'Eniac, come fino a quella sentenza si riteneva. Da questa macchina nascerà quella molto più sofisticata che sarà chiamata ABC. Si sa che tra queste macchine ne venne realizzata una alla fine del 1943, denominata Colossus, che si basavano sui principi di Von Neumann, principi che governano tutta la progettazione dei Computer moderni. Colossus era in grado di compiere in pochi minuti calcoli che fino ad allora richiedevano tempi lunghissimi.

1944 - È dato inizio alla costruzione dell'ENIAC, un Computer completamente a valvole che sarà ultimato dopo la guerra e che segnerà la storia seguente per la sua completezza e dimensione.

Giu 1945 - John Von Neumann descrive per la prima volta *e* con chiarezza il concetto di "Computer digitale con programma memorizzato" e per questo motivo poi il Computer, come lo intendiamo oggi, verrà chiamato "macchina di Von Neumann".

1947 - Avviene una scoperta che sarà l'origine dei grandissimi sviluppi dei futuri calcolatori e …. non solo dei calcolatori. Si tratta dell'invenzione del transistor per opera di tre scienziati della Bell Telephone: John Bardeen, Walter Brattain e William Shockley. L'invenzione farà loro conseguire il premio Nobel nel 1956. Nasce così quell'elemento a stato solido, piccolissimo ed affidabilissimo, senza il quale nessun moderno Computer potrebbe esistere. Dal transistor a punte di contatto ora nato, si passerà poi a quello più stabile a giunzione, ai transistori ad affetto di campo (FET), ai MOS, ai circuiti integrati ed ai PENTIUM di oggi.

1948 - IL primo Computer che utilizza completamente i principi della macchina di Von Neumann viene presentato dalla IBM a New York, si tratta dello SSEC (Selective Sequenze Electronic Calculator) che impiega 12.000 valvole e 21.000 relè. Questo Computer compie in modo completamente autonomo tutte le operazioni attingendo il programma all'interno del Computer, memorizzato in precedenza.

1956 – Conferenza a Dartmouth (USA) che getta le basi di una nuova branca dell'informatica definendola "Intelligenza Aartificiale".

1958 - Jean Hoerni della Fairchild Semiconductor inventa il processo planare per la fabbricazione di transistori prima e circuiti integrati poi. Questo importantissimo processo è una pietra miliare per tutto quanto avverrà dopo ed ancor oggi la produzione dei Pentium si basa su questa tecnologia. In pratica Hoerni utilizza un sottilissimo strato isolante di biossido di silicio formato sul cristallo di silicio sottostante per aprirvi litograficamente delle finestrelle attraverso le quali diffondere il drogante che realizza i vari elettrodi del transistore. Estendendo il concetto, si possono realizzare in un sol colpo centinaia di transistori o centinaia di circuiti integrati sulla stessa fetta di silicio monocristallino. È un po' come se si fosse scoperto un modo per "stampare" industrialmente i componenti elettronici che serviranno per produrre una miriade di apparecchiature, compresi i Computer. La vera industrializzazione della produzione di Computer e la loro miniaturizzazione inizia ora!

1967 Inizia in Giappone all'università Waseda il progetto Wabot per realizzare un robot umanoide. Ebbe poco successo ed il progetto fu cancellato nel 1972.

Mar 1970 - Alla Intel Ted Hof con l'italiano Federico Faggin e Stan Mazor sviluppano il primo microprocessor in seguito denominato 4004

Feb 1971 - Intel consegna i primi microprocessor 4004 alla Busicom

Nov 1971 - Intel introduce sul mercato anche il primo kit per microcomputer comprendente: 4001 ROM, 4002 Ram, 4003 Shift register: Nasce il Micro-Computer su una scheda!

1972. Richard Karp dimostra come la risoluzione dei problemi che l'AI intende affrontare richiede immense capacità di calcolo confermando che tutto quello che si pensava facilmente realizzabile non erano altro che inutili giocattoli.

1980. Nascono gli Expert Systems che limitandosi ad ambiti ben ristretti ed abbandonato le ottimistiche previsioni precedenti, riuscirono a dare pratica applicazione alla risoluzione di problemi che potevano identificarsi come parte dell'AI.

1982. John Hopfield sviluppa la prima rete neurale artificiale in grado di apprendere autonomamente dai dati.

1985. Viene creato il primo programma per la guida autonoma da Harold Cohen e denominato AARON.

1987. Marvin Minsky pubblica "The Society of Mind" una descrizione teorica della mente come un insieme di agenti cooperative.

1989. Dean Pomerleau presso il CMU crea ALVINN (An Autonomous Land Vehicle in a Neural Network).

Feb 1990 - La rete Arpanet come tale cessa di essere finanziata e l'ente americano NSF, National Science Foundation, se ne assume l'onere e la trasforma nell'odierna Internet.

Ago 1991 - Internet: un fatto di importanza epocale passa quasi sotto silenzio. Viene tolto Il divieto di utilizzare la rete Internet per attività commerciali. Solo pochissimi si avvedono dell'importanza di questo passo epocale ... lo stesso Bill Gates ne comprenderà appieno il significato solo nel 1994! Clienti che riducano la fuga di cervelli verso gli USA sulla falsariga del CERN.

1993. Ian Horswill ha esteso la robotica basata sul comportamento creando Polly, il primo robot in grado di muoversi utilizzando la visione ed a velocità propria degli animali (1 metro / secondo).

1998. Tim Barners-Lee pubblica il suo fondamentale lavoro intitolato "Semantic Web Road map paper".

1999. Sony commercializza un progredito robot domestico chiamato AIBO che diventa il primo "pet" artificial per uso domestico.

2000. Cynthia Breazeal al MIT pubblica la sua dissertazione su "Macchine Sociali" descrivendo il robot Kismet con faccia che esprime emozioni.

2004. La NASA fa atterrare su Marte I rover Spirit e Opportunity per esplorarne la superficie.

2005. La Recommendation technology porta l'AI sul mercato del consumer mediante attività di tracking sul web (TiVo Suggestions).

2006. A Dartmouth si tiene l'Artificial Intelligence Conference "the Next 50 Years (AI@50)", (14–16 luglio 2006).

2006. Ad Ascona (CH) si tiene una conferenza internazionale sull'AI in concomitanza con quella a Dartmouth.

2009. Google costruisce la sua auto a guida autonoma.

2010. Microsoft lancia Kinect per Xbox 360, il primo strumento di gioco che percepisce I movimenti del corpo umano utilizzando una videocamera a 3D.

2011. IBM con Watson vince alla televisione col gioco Jeopardy contro campioni.

2011. La Apple con Siri, Google con "Google now" e Microsoft con Cortana rispondono a domande utilizzando il linguaggio natural.

2013. NEIL (Never Ending Image Learner) viene annunciato alla Carnegie Mellon University per comparare ed analizzare costantemente immagini diverse.

2015. Viene pubblicata una lettera aperta per vietare lo sviluppo e l'uso di armi autonome firmate da Hawking, Musk, Wozniak e 3.000 ricercatori in intelligenza artificiale e robotica

2016. Google DeepMind's AlphaGo (version: Fan) defeated 3 time European Go champion 2 dan professional Fan Hui by 5 games to 0.

2017. Asilomar Conference on Beneficial AI. Una disanima da parte di scienziati ed industriali di cui si è trattato in questo libro.

2017. Google DeepMind's AlphaGo (versione Fan) sconfigge 3 volte il campione europeo di Go 2 e Fan Hui per 5 a 0.

2017. Un problema di logica booleana proposizionale (SAT) dimostra una congettura matematica di vecchia data sui tripletti pitagorici relativi all'insieme dei numeri interi.

2017. Google DeepMind ha rivelato che AlphaGo Zero, una versione migliorata di AlphaGo, con significativi miglioramenti nelle prestazioni. Ha imparato giocando solo contro se stesso.

2018. L'intelligenza artificiale del linguaggio Alibaba supera i migliori umani in un test di lettura e comprensione.

2018. Il laboratorio europeo per l'apprendimento con sistemi intelligenti (Ellis) si propone di sviluppare ambienti che riducano la fuga di cervelli verso gli USA sulla falsariga del CERN.

Come si può chiaramente evincere leggendone la cronologia è perfettamente spiegabile dal punto di vista logico come l'AI sia una naturale continuità delle nostre attività umane. Ma è anche chiaro che così come nessuno, ma proprio nessuno, avesse minimamente previsto il futuro del transistor del 1947, il futuro del circuito integrato del 1957, il futuro del microprocessor del 1971, il futuro del Personal Computer del 1976 ed il futuro di internet del 1990, proprio nessuno è in grado oggi di prevedere cosa aspettarci nel futuro dall'intelligenza Artificiale che possiamo considerare appena nata. Chi cerca di fare delle previsioni a lungo termine sarà sicuramente smentito dalla realtà … non è una mia idea, è un fatto verificato negli ultimi 10.000 anni!

Ciò non vuol dire che non se ne debba discutere, ma quando a remare su questa stessa barca ci sono milioni di persone dove la barca andrà va ritenuto un assoluto e meraviglioso mistero.

APPENDICE 4 – MIEI ARTICOLI RECENTI

In premessa ho spiegato come abbia raccolto una grande quantità di materiale sull'Intelligenza Artificiale durante la mia collaborazione nel preparare articoli sull'argomento su due riviste, la prima che si pubblica in Svizzera di economia (Ticino Management) e la seconda, l'organo ufficiale dell'associazione Gallerie e Grandi Lavori del Politecnico di Milano.

Parte di quel materiale e le relative annotazioni ho potuto utilizzarle nei capitoli precedenti ed ora, a completamento di questo mio primo escursus librario sull'AI, riporto una parte di quegli articoli pubblicati negli ultimi due anni che ritengo possano essere di particolare utilità anche per coloro che studiano la materia.

Nel riportarli lascio anche i numerosi link internet che a suo tempo e con molta fatica e tempo avevo selezionato per i miei lettori.

ARTIFICIAL INTELLIGENCE: NON APRITE QUELLA PORTA.

L'intelligenza artificiale si trova là dove la fisica nucleare si trovava nel 1942. A quel tempo gli scienziati 'passarono la mano' ai politici indicando le potenzialità positive e negative della fissione nucleare e richiedendone un uso consapevole. Al momento però i 'progetti Manhattan' del caso sono condotti da poche, potentissime, società private.

John Battelle, imprenditore nell'era delle dot-com, fondatore della rivista Wired e giornalista ha definito l'intelligenza artificiale "Il peggior errore nella storia dell'umanità" (per leggere il suo articolo: (http://bit.ly/2i4sZQd) Del resto anche il più noto scienziato inglese Steven Hawking aveva paragonato la 'vera' intelligenza artificiale all'arrivo di pericolose entità aliene superintelligenti (http://bit.ly/2e4fMY9).

Non mancano le proposte per democratizzare il mondo dell'Intelligenza artificiale ed evitare così che poche aziende la monopolizzino (eccone una:(http://bit.ly/1VEIfox). Ci si riferisce ovviamente alla intelligenza artificiale di nuova generazione ancora a livello di prototipi. Non quella che segue algoritmi inseriti nel suo software ma che è in grado di imparare dall'esperienza macinando miliardi di dati.

L'idea di macchine pensanti e di algoritmi che le gestiscono si perde nella notte dei tempi; addirittura il grande filosofo e matematico tedesco Gottfried Wilhelm Leibniz aveva divinato la necessità di un linguaggio artificiale universale come algoritmo e Leibniz stesso inventò l'aritmetica binaria, quella degli uno e zeri alla base di tutta l'informatica di oggi.

Grandi nomi come Blaise Pascal, Charles Babbage, Claude Shannon, Alan Turing e molti altri hanno giocato intorno all'argomento prima ancora dell'avvento dei computer elettronici. L'AI (Artificial Intelligence) nasce formalmente nel 1956 nell'ambito di un convegno nel collegio Dartmouth nel New Hampshire. A dire il vero l'AI non si è sviluppata nei tempi e nella direzione sperata (e illustrata nei racconti di Asimov e di altri autori di fantascienza) perché le speranze di molti scienziati si sono infrante contro l'incredibile complessità del cervello umano e dei nostri comportamenti, ancora oggi tutt'altro che compresi nella loro totalità e quindi nella loro complessità non facilmente emulabile da macchine per quanto potenti.

Per capire quanto successo è interessante leggere la poderosa opera di Nick Bostrom dell'università di Oxford (http://bit.ly/2i4LqUP) che illustra le varie fasi della ricerca sulla intelligenza artificiale e le branche da essa nate (reti neurali, super intelligenza collettiva, tentativi di emulare il nostro cervello, ecc. ecc.). A che punto siamo ora? Chi conosce la storia dello sviluppo delle armi nucleari ricorda che a un certo punto ci si rese conto che la fissione nucleare avrebbe potuto essere usata come uno strumento bellico di mostruosa efficacia. Gli scienziati decisero quindi di passare dal ruolo di tecnici a quello di 'classe dirigente' (la famosa lettera di Einstein al presidente Roosevelt). Una apparentemente normale scoperta della fisica risultato di decenni di ricerche, passò quasi inosservata fino a che qualcuno non capì che era necessario da una parte concentrare gli sforzi, dall'altra fare un uso cosciente delle potenzialità che si aprivano.

Allo stesso modo oggi, un processo che procedeva linearmente come tanti altri, conosce il suo 'progetto Manhattan' sullo sviluppo dell'AI su cui si stanno riversando immensi capitali privati e pubblici: aziende con risorse quasi illimitate come Google, Apple, Facebook, Ibm, Microsoft e tante altre hanno messo insieme gruppi talentuosi ed incredibili e con obiettivi che fino a pochi anni fa facevano parte solo della fantascienza.

Siamo davanti ad un processo che è diventato esponenziale e che fa il parallelo con l'altro processo esponenziale dell'hardware governato dalla legge di Moore. Questi due processi esponenziali si sono ormai congiunti e renderanno ogni pronostico assolutamente imprevedibile poiché la grande velocità dell'hardware, leggi computer quantistici, sono algoritmi sempre più vicini al nostro cervello.

Asimov non aveva previsto internet. I 'robot' di domattina invece avranno a disposizione grazie alla Rete, praticamente tutto lo scibile umano. Una super intelligenza ultraveloce sarebbe, anzi sarà, in grado di leggere, capire e trarre delle conclusioni in pochi minuti in base a tutti i documenti del mondo in linea.

E' cosa buona? Dipende. Se ne disporremo tutti sarà un'ottima cosa … sarà pericolosa se ne disporranno in pochi. Quella che fino ad ora è stata chiamata intelligenza artificiale, è sul punto di esplodere verso mete che, se ben governate, renderanno l'umanità più produttiva e più libera.

L'UTOPIA: DA MOORE A MORE

Basta avere trent'anni per aver visto due 'singolarità': internet e smartphone hanno comportato due salti di qualità nella vita di ogni persona e organizzazione. Il prossimo – relativo alla intelligenza artificiale – è vicino. Un quarto: la fusione nucleare controllata è possibile. Sommato al progresso costante nella complessità dell'infrastruttura tecnologica fa impallidire l'Utopia di Tommaso Moro.

"La complessità di un microcircuito raddoppia ogni 18 mesi". Dopo oltre 50 anni la 'legge di Moore' è una delle poche costanti non legate al mondo fisico e chimico che stia reggendo alla prova del tempo. Seguendola possiamo dire con una certa esattezza che nel 2055 ciascuno dei 9,5 miliardi di abitanti sulla Terra avrà in mano almeno uno strumento contenente l'equivalente di cento milioni di miliardi di componenti elettronici legati a una rete capace di gestire miliardi di miliardi di miliardi di dati.

Questo è una certezza. Il resto è molto probabile. Tutti i mezzi in movimento, ogni oggetto in vendita, le montagne, i fiumi, le aree terrestri, ogni industria, ogni materia prima, tutti gli ambienti, ogni entità umana dagli ospedali ai luoghi di divertimento e qualunque altro significativo elemento che ci interessi disporrà di sensori che li collegherà in tempo reale ad una immensa rete governata formata da potentissimi computer quantistici con opportuni programmi ultra-intelligenti. Le fabbriche 12.0, molto automatizzate, produrranno tutto quello di cui l'umanità avrà bisogno probabilmente con pochi addetti super specializzati.

Se si riuscirà a controllarla l'energia proveniente dalla fusione nucleare sarà più che sufficiente per buona parte delle necessità umane. La tecnologia delle batterie finalmente permetterà di far funzionare quasi ogni veicolo con l'elettricità.

Cesseranno la ricerca del lavoro, la smania della ricchezza, l'ansia del domani ed ogni patologia legata all'insicurezza. Uno strumento al polso sarà in grado di fare diagnosi e di monitorare le terapie a partire da quelle legate allo stile di vita (magari qualche volta lo dimenticheremo sul comodino!).

Gli ambienti (di lavoro, di vita, in parte anche quelli esterni) si adegueranno alle esigenze in funzione delle nostre necessità e delle nostre abitudini anche prevenendole. La connessione fra le persone sarà automatica. Potremmo sapere dove si trovano i nostri cari con poco più di un atto di volontà (che poi i cari vogliano farcelo sapere questa è una questione tecnologicamente meno risolvibile).

Potremo dedicare una porzione del nostro tempo al lavoro e una alla comunità ed a secondo delle capacità innate di ciascuno. Ad esempio lo scienziato opererà quel poco tempo con la sua scienza per tutti, l'artista dipingerà un po' anche per gli altri e così via.

Per la maggior parte del tempo che a ciascuno rimarrà nell'ambito della libera scelta potrà seguire gli intelligenti suggerimenti del sistema che lo attornia e sa scegliere per lui oppure allontanarsi da quei suggerimenti e fare qualcosa di diverso, ma rimanendo sempre nell'ambito delle possibilità che quel nuovo mondo gli consente.

Anche le nostre personalissime preferenze saranno gestite per accontentarle grazie alle risorse disponibili per tutti. Se ci piacciono le auto sportive ci verranno fornite tutte le opzioni possibili a nostra disposizione nell'ambito delle enormi risorse assegnate a ciascun abitante della Terra.

E non basta: quei sensori sparsi sulla Terra, uniti all'intelligente analisi universale del sistema collegato avviserà in tempo utile gli abitanti di zone terremotate o in procinto di essere colpite da uragani per farle evacuare con mezzi che quei sensori stessi avranno sapientemente avvisato facendovi accorrere le persone istantaneamente ed informati su dove e come accorrere.

Utopia, follia? In effetti il cognome dell'amico fondatore di Intel Gordon Moore assomiglia a quello dell'utopista anglosassone per eccellenza: Thomas More, come ebbi occasione di fargli notare (a Gordon, non a Thomas).

Nell'arco della nostra vita abbiamo già visto un paio di quelle che i futurologi chiamano "singolarità", cioè uno sviluppo esponenziale non definibile matematicamente. Ad esempio nel 1993, quando nacque l'internet commerciale, mai si sarebbe potuto immaginare quello che oggi vediamo. Tanto è vero che il World Wide Web inventato al Cern di Ginevra non fu li sviluppato poiché da quelle parti nessuno ci credeva degno di spendervi un soldo. Il suo inventore Tim- Barnees-Lee infatti se ne andò negli Stati Uniti per poterlo divulgare.

Una seconda singolarità è l'evoluzione degli smartphone. In pochi anni alcuni miliardi di persone hanno in mano un potente elaboratore di dati, un efficacissimo strumento di comunicazione e una foto/videocamera di alta performance. Qualcuno lo usa perfino per telefonare!

Dalla intelligenza artificiale ci si aspetta una ulteriore singolarità. Direte: "Ettore, basta. È anni che ne scrivi e ancora non si è visto nulla di concreto!" A parte che alcuni delle applicazioni più complete sono state sviluppate nell'ambito della sicurezza (analisi di immagini satellitari, di voci, messaggi, volti etc) e quindi se non le avete viste vuol dire che funzionano egregiamente, c'è una seconda legge attribuita a Bill Gates - non meno vera secondo la quale le persone tendono a sopravvalutare i cambiamenti avvenuti (o attesi) a breve termine e a sottovalutare il cambiamento che avverrà a medio e lungo termine.

AI: DICONO DI LEI

Il contenuto delle ricerche portate avanti dai big dell'informatica è segreto, ma le dichiarazioni dei loro leader sono pubbliche e aiutano a capire in quale direzione si sta muovendo molto rapidamente l'intelligenza artificiale.

Quando l'informazione arriva in tempo reale attraverso il web, i canali all news 24/24, gli smartphone e via dicendo, un mensile deve per forza anticipare gli eventi e individuare i temi di cui parleranno nei mesi a venire tutti gli altri media.

E' quello che abbiamo fatto parlando di Intelligenza artificiale, rilevando soprattutto il ritardo con cui la politica si sta muovendo nell'affrontare le numerose problematiche (etiche, giuridiche di politica del lavoro e perfino fiscali) aperte dall'evoluzione tecnologica in questo senso.

Nonostante stia dedicando una notevole quantità del mio tempo nel seguire le notizie rilevanti che ogni giorno appaiono sull'Intelligenza artificiale, devo costatare che mai prima mi era capitato un periodo così fertile di notizie e, soprattutto, di progressi così ravvicinati. E dire che da decenni seguo gli sviluppi dell'elettronica, del digitale e dell'informatica in genere. E non mi riferisco tanto alla quantità, ma proprio alla rilevanza, per cui ho deciso di soffermarmi prevalentemente sull'affermazione dei personaggi più autorevoli ed importanti in questo settore. Ed eccone alcune.

Elon Musk, presidente di Tesla e SpaceX, ha detto in una recente conferenza (http://bit.ly/2kllz0S) che "è necessaria una fusione tra intelligenza biologica e intelligenza digitale, se gli umani vogliono rimanere rilevanti", ha aggiunto che questo comporterà la creazione di interfacce molto veloci con la "macchina umana" e quindi, afferma, unire menti e computer in modo simbiotico è una necessità. In pratica si tratterebbe di aggiungere uno strato neurale digitale al nostro cervello. Nella sua conferenza Musk ha anche espresso l'opinione che il primo effetto sul lavoro dell'AI sarà l'eliminazione degli autisti, sostituiti da auto e camion con pilotaggio automatico.

Sergey Brin, cofondatore di Google, in una recente intervista al Word Economic Forum di Davos (http://bit.ly/2k30THi) ha sottolineato come oggi la sua azienda sia completamente pervasa dall'AI e con ingenti investimenti, mentre solo qualche anno fa avevano relegato l'AI in un angolo dell'azienda. Nell'intervista accenna anche alla futura AI predittiva che basando la sua analisi su un'immensità di dati potrebbe arrivare al punto da rendere inutili le elezioni … l'AI saprebbe prevedere con precisione quale sarebbe il risultato, comunque.

Michael Lee Williams, presidente della Fast Forward Labs, dove si applicano tecniche di machine learning e di AI alla vita reale, ha anticipato un lavoro che presenterà a marzo allo Strata+Hadoop World (http://oreil.ly/2mcoV30) un'importante ricerca per quanto riguarda l'utilizzo dell'AI per integrare i dati sempre incompleti dalle rilevazioni sul mondo reale utilizzando avanzate tecniche probabilistiche. La cosa interessa in modo particolare le analisi che hanno a che fare con le ricerche sul sociale.

Proprio in questi giorni i quotidiani commentano la dichiarazione del fondatore di Microsoft. Secondo Bill Gates i servizi e i prodotti realizzati dai robot dovrebbero essere sottoposti a una apposita tassazione, simile a quella che grava sul lavoro delle persone, per evitare che ricada sui lavoratori 'umani' la 'concorrenza sleale' di sistemi che hanno tutte le capacità dell'essere umano (anzi qualcuna in più), lavorano ogni giorno e ora dell'anno senza chiedere stipendi e senza pagare tasse e contributo.

E per finire qualche dato sulle start up del settore. Dal 2015 al 2016 le nuove start up dell'AI sono passate da 147 a 174 con la massima concentrazione nell'area della robotica. Il 48% si sono dedicate alla robotica industriale, mentre il 28% ha creato prodotti per il mercato consumer. Fornisco qui di seguito un piccolo stralcio di quelle che mi paiono interessanti.

Airobotics (http://airobotics.co.il/). Droni per la raccolta automatica di dati aerei.

Zipline International (http://bit.ly/2kNFDod). Droni per la consegna di delicati prodotti medicali

Turing Robot (Cina). Produzione in serie di robot domestici

Spyce Kitchen (http://spyce.io/). Uno chef robot che rivoluzionerà I ristoranti fast food.

CasaBots (http://www.casabots.com/). Un robot che cucina per ristoranti.

Clearpath Robotics (http://bit.ly/2dnKhu4). Robot in grado di lavorare in ambienti sporchi e letali per l'uomo.

Life Robotics (Giappone http://bit.ly/2kNUFKv). Robot collaborativo che impara muovendo un mouse 3D.

Quotient Kinematics Machine (QKM, http://bit.ly/2lki9J8). Fornisce strutture e software per la realizzazione di robot leggeri.

Auris Surgical Robots (http://aurisrobotics.com/). Sistemi robotici per microchirurgia.

Tyromotion (Austria, http://bit.ly/2kXlsVN). Sistemi robotizzati per la riabilitazione dei pazienti.

Cambrian Intelligence (http://www.caint.io/). Robot intelligenti che operano in ambienti proibitivi per l'uomo.

MegaBots (http://bit.ly/27aVHVc). Robot giganti pilotabili per film di fantascienza.

Knightscope (http://bit.ly/1iCPuKR). Tecnologia per prevenire i crimini mediante hardware, software e dati sociali.

INCONTRIAMOCI AL COGNITIVE LAB

L'intelligenza artificiale sostituirà l'essere umano? La domanda è posta male e questo rischia di sviare sia le organizzazioni che non usano l'AI, sia quelle che lo hanno adottato. In realtà ogni innovazione, dal telaio a vapore allo smartphone richiede un adeguamento delle competenze e soprattutto nella organizzazione del lavoro.

Immaginiamo di trovarci nel Memorial Sloan-Kettering Cancer Center di Manhattan, forse l'ospedale oncologico più avanzato al mondo. Un medico visita una paziente, donna americana di origine giapponese con cancro ai polmoni; esamina le informazioni personali, la cartella clinica, le diagnosi, i risultati degli esami e ha parlato con il medico curante. Sviluppa quindi un'ipotesi ma chiede un parere anche al sistema Watson progettato da IBM. Watson (una rete di super computer alimentata con milioni di cartelle cliniche e tutta la letteratura scientifica sull'argomento) utilizza tutte le informazioni a sua disposizione per valutare le opzioni di trattamento. In pochi secondi il sistema segnala che le donne giapponesi, non fumatrici con tumore ai polmoni, hanno una buona probabilità di avere una mutazione di un gene, l'EGFR e che un farmaco riduce questo tipo di cancro nel 95 per cento dei casi e suggerisce di verificare la presenza della mutazione genetica.

In un consulto viene chiesto alla paziente quali siano le sue preferenze in termini di trattamento. Lei risponde che non vuole perdere i capelli, ulteriore dato inserito nel sistema. Dopo alcuni giorni vengono inseriti nel sistema i risultati degli esami che confermano mutazione dell'EGFR. In un secondo consulto la donna riporta che dall'ultimo incontro ha del sangue nell'espettorato. Questa nuova informazione viene inserita nel sistema che propone un insieme di opzioni diverse dalle precedenti e classificate in base al livello di confidenza: 90% per l'opzione in cima alla lista, un cocktail di due farmaci spesso usati in chemioterapia. Inoltre, il sistema segnala che il trattamento ha una probabilità inferiore rispetto agli altri di causare la perdita di capelli.

Cosa dobbiamo guardare in questo esempio, riportato da John Kelly nel suo libro "Macchine Intelligenti" (http://amzn.to/2ugDsj5)? Le prodezze dell'intelligenza artificiale? Risposta sbagliata: in realtà l'aspetto interessante è la rete di relazioni nel quale Watson è stato inserito, una rete molto semplice, lo specialista e la paziente. Ci siamo fatti stupire dalla conoscenza quasi sovrannaturale di Watson ma in realtà è da quelle semplici – quasi banali - relazioni che è venuta la soluzione!

Pensiamo ora a una organizzazione che deve prendere delle decisioni che coinvolgono un'enorme quantità di dati (Big Data) e moltissimi esperti (esterni o interni: sono esperti gli operai addetti a una macchina utensili così come gli agenti di vendita che conoscono le esigenze e le reazioni della clientela).

Certamente oggi esistono algoritmi, e nuovi ne verranno creati, che estraggono nel modo efficace delle informazioni. Ma il problema è tutto ciò che ci sta intorno. Chi decide quali domande porre al software di AI? E chi valuta le risposte? E come tradurre tutto questo in scelte? E' questione di organizzazione. Questo vale per i lavori di gruppo dei nostri figli alle scuole medie così come per inviare un satellite nello spazio. Insomma il problema è come far comunicare le persone nel modo più efficace. E' qui che una nuova regola comunicativa è oggi proposta e sperimentata. Questa regola prende il nome generico di "Cognitive Lab".

Si tratta di un nuovo tipo di "ambiente fisico comunicativo" progettato per portare in ambito aziendale e non solo, dove poter confrontare le varie competenze ed i Big Data e per prendere decisioni migliori in un ambiente fortemente collaborativo.

In questo nuovo spazio fisico l'accesso ai Big Data interagisce in modo non tradizionale con le persone coinvolte e comprende grandi schermi, telecamere in grado di riconoscere gli atteggiamenti dei partecipanti comprese le mimiche facciali, software per il riconoscimento del parlato e quant'altro sia utile per una conoscenza in tempo reale di tutto quello che il processo decisionale richiede.

L'obiettivo di tutto questo è aumentare di molto la probabilità che le scelte finali siano quelle più giuste, garantendo che le decisioni siano il meno possibile associate ad opinioni, anche se provenienti da solide esperienze personali, ma che, come oggi in molti casi, portano colui che deve decidere ad essere lasciato solo nei suoi vari contatti con gli esperti dei diversi settori coinvolti.

L'idea di fondo è quella che la riunione di tutte le parti avvenga in un ambiente appositamente realizzato dove l'interazione di tutti in tempo reale e con milioni di documenti provenienti da diverse fonti coinvolga tutti. Questi documenti gestiti da programmi di apprendimento (cognitive AI) s'interfacciano con le persone fisicamente presenti e che comunicano tra di loro portando avanti in modo trasparente approfondite analisi interdisciplinari e giungere così a formulare le diverse opzioni condivise.

Poiché tutti conversano, visualizzano i dati ed interagiscono fra loro e con i dati simultaneamente, è meno probabile che vi siano fraintendimenti o che qualcuno possa fare raccomandazioni o prendere decisioni non del tutto supportate da evidenze fattuali.

In moltissime situazioni, dove la grande complessità delle questioni da valutare richiedano per la loro soluzione l'accesso contemporaneo a molti dati e molte menti umane, l'unica soluzione è dimenticare le vecchie strutture gerarchiche. Gli ambienti vanno ripensati in modo moderno ed inserendovi tecniche e mezzi sempre più evoluti offertici dalla tecnologia. Abbiamo impiegato decenni per imparare a utilizzare al meglio uno strumento come le riunioni aziendali (e c'è ancora molto da imparare in diverse organizzazioni secondo me). Ora l'accesso ai big data e a software che permettono di interpretarli richiede il passaggio – per usare un termine abusato - a un "Meeting Room 4.0".

Alla fine l'analisi approfondita di situazioni complesse non sarà più pertinenza esclusiva degli specialisti nell'analisi dei dati. Gli esperti in vari ambiti potranno interagire tra loro e con i dati come non è mai stato possibile prima.

Industrie petrolifere, istituzioni finanziarie, grandi organizzazioni internazionali, enti militari e molte altre avranno così una maggiore certezza che l'analisi approfondita di situazioni complesse non sia pertinenza esclusiva di pochi specialisti, ma al contrario, sia il risultato di interazioni ben più ampie e fertili. Siamo solo all'inizio, ma sicuramente le aziende avranno tutto da guadagnarci nel seguirne gli sviluppi.

LA PIÙ GRANDE SFIDA DI TUTTI I TEMPI

Di AI (Artificial Intelligence) ormai se ne parla ovunque e credo che a molti, soprattutto nel mondo scientifico ed ingegneristico, nasca qualche ragionevole dubbio sul come possa rappresentare già oggi una così importante ed applicabile tecnologia in campi al di fuori del mondo prettamente digitale.

A questa domanda, più che tante teorie, risponde con un chiaro esempio John Kelly nel suo libro "Macchine Intelligenti" (http://amzn.to/2ugDsj5).

E' un esempio che desidero riassumere qui per poi proseguire nella nostra discussione. Si tratta di un caso reale e che, seppure si riferisca specificamente al mondo medico, rende chiarissimo il concetto di AI e la sua componente "Machine Learning", come ausilio essenziale per risolvere rapidamente problemi complessi affiancando i tecnici e fornendo loro soluzioni che derivano dall'analisi intelligente di una grande quantità di dati (Biga Data), analisi impensabili a livello umano. Ecco l'esempio.

"Scenario: Memorial Sloan-Kattering Cancer Center. Primario di oncologia visita una paziente, donna americana di origine giapponese con cancro ai polmoni. L'oncologo esamina le informazioni personali, la cartella clinica, le diagnosi, i risultati degli esami ed ha parlato con il medico curante. Sviluppa quindi un'ipotesi e chiede un parere anche al sistema (AI Watson IBM) affinché il sistema stesso utilizzi tutte le informazioni a sua disposizione per valutare le scelte di trattamento. In pochi secondi il sistema legge tutte le informazioni e segnala che le donne giapponesi non fumatrici hanno una buona probabilità di avere una mutazione di un gene, l'EGFR e che un farmaco riduce questo tipo di cancro nel 95 per cento dei casi e suggerisce verifica per la mutazione genetica.

Consulto con la paziente dove le viene chiesto quali siano le sue preferenze in termini di trattamento. Lei risponde che non vuole perdere i capelli, ulteriore dato inserito nel sistema. Dopo alcuni giorni, vengono inseriti nel sistema i risultati degli esami che confermano mutazione dell'EGFR. In un secondo consulto la donna riporta che dall'ultimo incontro ha del sangue nell'espettorato. Questa nuova informazione è inserita nel sistema che propone un insieme di opzioni diverse dalle precedenti e classificate in base al livello di confidenza: 90% per l'opzione in cima alla lista, un cocktail di due farmaci spesso usati in chemioterapia. Inoltre, il sistema segnala che il trattamento ha una probabilità inferiore rispetto agli altri di causare la perdita di capelli."

Nell'esempio l'AI ha aiutato il medico a prendere delle decisioni basandosi su un sistema che, avendo accesso ad una quantità di dati che il mondo digitale oggi consente ed avendo "imparato" a trattare quei dati in modo intelligente, ha potuto proporre soluzioni e il relativo grado di affidabilità che poi il medico può e sa applicare.

L'esempio può essere facilmente trasferito al mondo ingegneristico una volta che questi sistemi intelligenti dispongano di una grande quantità di dati specifici e siano stati "educati" a trattarli sfruttando le moderne tecniche del "Machine Learning" nel modo che questo settore richiede.

E qui sta l'opportunità/problema di cui brevemente parleremo in questa nota.

L'opportunità si può dire che ormai sia chiara a tutti, anche ai più scettici: la disponibilità di immense quantità di dati digitalizzati, lo sviluppo di computer sempre più veloci e l'universalità delle connessioni rende potente chi può utilizzarli in modo appropriato e rapido e questo già avviene in molti settori quali quelli che richiedano le analisi dei dati personali per stabilirne le tendenze e molti altri rivolti al pubblico.

Il problema nasce per quei settori che si rivolgono ad ambiti più piccoli come quello della progettazione, non tanto in termini economici, ma dove mancano soprattutto le risorse umane specializzate ed interdisciplinari che uniscano insieme competenze AI e le competenze del settore.

Chiaro che grandi società come Google, Microsoft, Facebook, IBM ed altre non mancheranno di espandere le loro piattaforme quanto più possibile e quindi si apriranno a nuovi orizzonti industriali, ma comunque è necessario che, indipendentemente da questi grandi, anche industrie come quelle delle costruzioni debbano dotarsi di competenze AI interne e, per ottener questo, stanno affacciandosi delle interessanti soluzioni.

L'argomento è affrontato dall'AAAI (Association for the Advancement of Artificial Inelligence - http://www.aaai.org/) la cui missione è proprio quella di diffondere la conoscenza e le competenze per l'impiego della AI al più vasto panorama possibile.

A questo fine stanno nascendo metodi che rendono più economico e più facile l'apprendimento delle tecnologie AI; in pratica l'AI insegna a se stessa il miglior modo ed il più economico per estendere l'insegnamento di se stessa a molti.

Nella sua ultima pubblicazione datata Summer 2017, l'AAAI dedica 108 pagine all'argomento "AI Education for the World" (http://bit.ly/2sxLNBp) partendo dalla constatazione di come la formazione AI sia stata finora appannaggio di pochi ed analizza come vari studi stiano convergendo al fine di modificare radicalmente alcuni aspetti della formazione di un argomento che, di per se stesso difficile, si desidera che nel XXI secolo venga insegnato bene ed a molti.

La crescente domanda di competenze in AI in molte aree dal commerciale al business, dall'industriale al medicale, dal legale all'istituzionale, richiede un'integrazione dei diversi settori con questa nuova tecnologia.

Tutto questo genera non solo una maggiore esigenza di formazione ma anche nuovi e più vasti obiettivi di apprendimento. Ecco che per non correre il rischio di creare un "AI divide" la comunità AI sta esplorando nuove tecniche pedagogiche con un uso innovativo di agenti tutoring intelligenti e lezioni video.

Corsi interdisciplinari e "project based" sono in aumento ed una recente indagine ha trovato che il 41% degli intervistati suggerisce proprio ingegneria come un obiettivo dell'apprendimento con i nuovi metodi.

La sfida fondamentale che viene affrontata è come tenere impegnati gli studenti in corsi on- line con queste tecniche derivate dalla stessa AI e la pubblicazione dimostra come la sfida sia stata parzialmente vinta.

In pratica si sono integrate le forme tradizionali di comunicazione con la versione ottimizzata online dei corsi in cui gli studenti sviluppano una comunità di apprendimento che interagisce migliorando la tecnica di apprendimento stessa.

Inoltre, la pubblicazione conferma che un vantaggio supplementare è che la versione online è efficace nell'estendere l'esperienza di AI in aula ad allievi non tradizionali, quali i tecnici impegnati in altre attività, ed a costi contenuti.

Secondo la previsione di IDC Futurescapes (http://bit.ly/218bAFU), due terzi dei CEO delle imprese del Global 2000 porrà al centro della loro strategia aziendale la trasformazione digitale ed una parte importante della strategia includerà soluzioni di apprendimento automatico (ML). L'implementazione di queste soluzioni potrebbe cambiare queste imprese per quanto riguarda il loro valore per il cliente ed il loro modello operativo interno.

Se si desidera rimanere in gioco non si può attendere, il business ha bisogno di muoversi verso l'automazione che il Machine Learning sta sviluppando rapidamente. Gli algoritmi di apprendimento imparano da enormi quantità di dati strutturati e non strutturati, testi, video, ecc. con possibilità di applicazione praticamente illimitate.

In breve, Machine Learning collegherà in modo intelligente persone, cose, attività per attivare nuovi scenari di interazione tra clienti e aziende e realizzare alla fine una vera impresa intelligente.

Le applicazioni possibili con ML hanno bisogno un ambiente imprenditoriale moderno ed imprese in grado di capire la distinzione tra le varie intelligenze artificiali (AI) e l'ML (Machine Learning).

Libri utili

L'Algoritmo Definitivo: La macchina che impara da sola e il futuro del nostro mondo. Pedro Domingos. http://amzn.to/2ugOswN

Applied Artificial Intelligence: A compact introduction to neural networks and deep learning Wolfang Beer. http://amzn.to/2sDCH1r

Artificial-intelligence-lawyer: An Analysis. Mark Evan Aupiais. http://amzn.to/2uBhvur

Macchine intelligenti: Watsone e l'era del cognitiv computing. John E. Kelly III, Steve Hamm. http://amzn.to/2sDv1vS

Alcuni link utili per chi desideri approfondire.

Understanding Machine Learning. http://bit.ly/2fYXWIg

Third Space Learning. Esempio di servizio d'insegnamento della matematica per bambini ottimizzato con l'inmpiego di AI (UK). https://www.thirdspacelearning.com/

Quantum Machine Learning Accelerator HotBed for AI and ML. http://bit.ly/2ugL30Z

Inspecting Algorithms for Bias. http://bit.ly/2sd81aI

IBM's AI Ambitions. http://bit.ly/2shCAs3

HP New Machine Learning Service Offering. http://hp.care/2sDC5Je

Google's Latest AI Platform. http://bit.ly/2qzpg4W

Google's New AI better than Engineers. http://bit.ly/2q4DWFw

Inside Facebook's AI Machine. http://bit.ly/2sDCVWo

AI Will Make our Jobs Less Mundane. http://bit– apocrifiticamente .ly/2ugUHRa

Online Tutors and AI Future of Teaching? http://bit.ly/2tf0oyL

AI Automate Sales. http://bit.ly/2uByo85

ENGINEERING E COGNITIVE LAB

Tratteremo qui di come, nell'ambito industriale, si dovrà realizzare in modo efficace l'interazione tra l'intelligenza artificiale, nei suoi vari aspetti, ed i molti decisori che si trovano a dover comunicare fra loro e contemporaneamente con i nuovi sistemi intelligenti.

Per capirci, immaginiamo che ad esempio nel campo del petrolio per un progetto di grande dimensione debbano interagire geologi, geofisici, petrolchimici, ingegneri, economisti, pianificatori e che a tutti vengano messi a disposizione grandi quantità di dati (Big Data) e gli strumenti per accedervi in modo efficace ed affidabile (Cognitive AI).

Affinché il tutto funzioni e si giunga nel minor tempo possibile a soluzioni ottimali, occorre che l'attività avvenga in un ambiente profondamente interattivo e molto collaborativo per sfruttare appieno sia le abilità individuali di ciascun specialista sia gli strumenti disponibili al fine di ottenere decisioni strategiche e r della massima qualità.

E' intuitivo e dimostrato come già oggi per un singolo medico che debba fare una difficile diagnosi riferendosi ad una enorme massa di dati storici sia fondamentale l'aiuto di un sistema intelligente. Infatti, se il sistema è in grado di sottoporre al medico i soli dati pertinenti ricavati da milioni di cartelle il medico deve solo aggiungere le sue capacità di scelta. Nel caso citato nel campo petrolifero, dove in molti devono decidere, occorre inventare strumenti decisionali più adeguati. - Vedi notiziario precedente http://bit.ly/2zNBvk7 -

Ecco che proprio per il mondo aziendale e soprattutto per quello ingegneristico, si stanno portando avanti soluzioni che vanno sotto i termini di "Cognitive Lab" e "Cognitive Enterprise Lab".

A questo proposito è significativa una frase pronunciata da un esperto che recita: "the true magic will come when humans combine their creativity with AI's intelligence and data".

In poche parole questo esperto vede l'intelligenza artificiale non come mezzo "sostitutivo" delle capacità umane, ma molto più giustamente, come il miglior modo per amplificare una delle principali capacità dell'umanità: la creatività.

In questa semplice frase è concentrato il fulcro su cui devono ruotare le attività che riguardano l'applicazione dell'intelligenza artificiale all'ingegneria per la soluzione di problemi complessi.

Non è forse la creatività nel trovare soluzioni migliori ed al minor costo quanto ci si aspetta dagli ingegneri? Ora, se questo obiettivo può essere raggiunto più efficacemente grazie all'AI, non è forse il caso di concentrarci sul come farlo? E tra i vari modi noti, ora viene introdotta la metodologia citata del Cognitive Lab che riguarda proprio noi ingegneri.

Infatti presto dovrà essere adottata dal mondo ingegneristico per far interagire un gran numero di dati (Biga Data) e trarne rapidamente informazioni intelligenti grazie all'AI (Cognitive AI) di modo che gli esperti preposti a prendere le decisioni multidisciplinari, ottimizzino le loro scelte interagendo fra di loro in modo efficace ed in tempo reale.

La cosa è tutt'altro che semplice, ma come in tutti i tempi, dagli Assiro-Babilonesi ad oggi, all'arrivo di trasformazioni, grazie a nuove tecnologie nascono due opposti pensatori: chi paventa il pericolo del cambiamento e chi ne auspica l'immediata applicazione senza precauzioni.

Pare proprio che oggi l'argomento "Intelligenza Artificiale" ed il suo uso presente e futuro personifichino al massimo grado questa umana dualità. Forse mai prima d'ora una nuova tecnologia si è presentata davanti agli occhi di tutti provocandone quasi una non violenta guerra tra chi ne auspica una rapida diffusione e chi esprime pesanti preoccupazioni.

Non fa certo parte del DNA dei tecnici quali noi siamo disquisire su questa dualità, quasi stessimo trattando di un argomento di metafisica, per cui in queste righe ci limiteremo a rilevarne gli aspetti tecnici e le possibili applicazioni anche in presenza di problemi molto complessi che per alcuni escluderebbero l'utilità di queste nuove tecnologie.

Oltre al mondo petrolifero, immaginiamo un grande progetto che coinvolga un'enorme quantità di dati (Big Data) e moltissimi esperti, esterni o interni: sono esperti gli addetti a una TBM, gli esperti dei materiali, i progettisti delle varie componenti, ecc. ecc.

Certamente oggi esistono algoritmi e nuovi ne verranno creati che estraggono nel modo efficace delle informazioni. Ma il problema è tutto ciò che ci sta intorno. Chi decide, quali domande porre al software di AI? E chi valuta le risposte? E come tradurre tutto questo in scelte? E' quindi questione di organizzazione.

Il problema è come far comunicare tra loro le persone e contemporaneamente con la piattaforma AI specifica per quella applicazione (Medicina, Chimica, Ingegneria, Militare, ed altre) e nel modo più efficace. E' qui che una nuova regola comunicativa è oggi proposta e sperimentata.

Questa soluzione è il "**Cognitive Lab**", un nuovo tipo di "ambiente fisico comunicativo" progettato per essere portato in ambito aziendale, e non solo, dove è possibile confrontare le varie competenze ed i Big Data e prendere decisioni migliori in un ambiente fortemente collaborativo.

L'ambiente cognitivo in sè non è una cosa nuova, anzi proprio nel mondo della scuola da qualche tempo si studiano e si applicano metodologie di apprendimento per migliorarne le capacità pedagogiche e recentemente comprendono anche il ruolo delle tecnologie informatiche.

Seppure quindi l'esigenza di creare ambienti ideali per apprendere efficacemente sia già parte delle ricerche in essere, qui l'argomento viene enormemente allargato per favorire il processo decisionale coinvolgendo quanto le tecnologie dell'intelligenza artificiale ci stanno apportando.

In questo nuovo spazio, che oggi viene definito come "Cognitive Lab", si comprendono l'accesso ai Big Data, che devono interagire in modo non tradizionale con le persone coinvolte, e gli strumenti informatici connessi.

Questo ambiente fisico, dove le persone sono coinvolte nello sviluppo di un progetto complesso, deve comprendere grandi schermi, telecamere in grado di riconoscere gli atteggiamenti dei partecipanti, comprese le mimiche facciali, software per il riconoscimento del parlato e quant'altro sia utile per una conoscenza in tempo reale di tutto quello che il processo decisionale richiede.

L'obiettivo di tutto questo è aumentare di molto la probabilità che le scelte finali siano quelle più giuste, garantendo che le decisioni siano le meno possibili associate ad opinioni, anche se provenienti da solide esperienze personali, ma che, come oggi in molti casi, portano colui che deve decidere ad essere lasciato solo nei suoi vari contatti con gli esperti dei diversi settori coinvolti.

L'idea di fondo è quella che la riunione di tutte le parti avvenga in un ambiente appositamente realizzato, dove l'interazione di tutti in tempo reale e con milioni di documenti provenienti da diverse fonti, coinvolga tutti insieme.

Questi documenti gestiti da programmi di apprendimento (cognitive AI) si interfacciano con le persone fisicamente presenti e che comunicano tra di loro portando avanti in modo trasparente approfondite analisi interdisciplinari e giungendo così a formulare le diverse opzioni condivise.

Poiché tutti conversano, visualizzano i dati ed interagiscono simultaneamente fra loro e con i dati, è meno probabile che vi siano fraintendimenti o che qualcuno possa fare raccomandazioni o prendere decisioni non del tutto supportate da evidenze fattuali.

In moltissime situazioni, dove la grande complessità delle questioni da valutare richiedano per la loro soluzione l'accesso contemporaneo a molti dati e molte menti umane creative, l'unica soluzione è dimenticare le vecchie strutture gerarchiche.

Gli ambienti vanno ripensati in modo moderno ed inserendovi tecniche e mezzi sempre più evoluti offertici dalla tecnologia.

Abbiamo impiegato decenni per imparare a utilizzare al meglio lo strumento delle riunioni aziendali (e c'è ancora molto da imparare in diverse organizzazioni), ora l'accesso ai Big data e a software che permettono di interpretarli richiede il passaggio, per usare un termine abusato, a una "Meeting Room 4.0".

Alla fine l'analisi approfondita di situazioni complesse non sarà più pertinenza esclusiva degli specialisti nell'analisi dei dati. Gli esperti in vari ambiti potranno interagire tra loro e con i dati come non è mai stato possibile prima.

Industrie petrolifere, istituzioni finanziarie, grandi organizzazioni internazionali, enti militari e molte altre avranno così una maggiore certezza che l'analisi di situazioni complesse non sia pertinenza esclusiva di pochi specialisti, ma al contrario, sia il risultato di interazioni ben più ampie e fertili. Siamo solo all'inizio, ma sicuramente le aziende avranno tutto da guadagnare nel seguirne gli sviluppi.

AI and Cognitive Computing (IBM) https://ibm.co/295G9gr

The Cognitive Enterprise https://ibm.co/2yRDBzq

CIOs: radically reimagine what you can do https://ibm.co/298bnTF

MIT-IBM Watson AI Lab Targets Algorithms, AI Physics. http://bit.ly/2gOrnLZ

Shaping your cognitive environment for optimal cognition http://bit.ly/2zxsLO6

A Room Where Executives Go to Get Help (MIT) http://bit.ly/2lhCXjG

Machine Learning. What it is. http://bit.ly/1sRwls6

Ettore Accenti. Intelligenza artificiale, ci siamo! http://bit.ly/2yrXgl2

Ettore Accenti. Engineering and Artificial Intelligence: a bet into the future. http://bit.ly/2zvSRkI

Ettore Accenti. La più grande sfida di tutti I tempi. http://bit.ly/2zNBvk7

AI E DIGITAL BUSINESS TRANSFORMATION

Entro il 2020, ci sarà fine 50 miliardi di dispositivi connessi intelligenti nel mondo e il volume dei dati aziendali raddoppierà nel prossimo anno . Alla fine dello scorso anno, i due terzi degli amministratori delegati di Global 2000 Enterprises avevano la trasformazione digitale al centro della loro strategia aziendale.

Detto questo, quali imprese d'ingegneria dovrebbero sapere? Dobbiamo cominciare col dire che l'intelligenza artificiale è un gruppo rivoluzionario di tecnologie che ha il potenziale di apportare modifiche fondamentali sul modo di come viviamo e lavoriamo e per alcuni questo porta alla fine del mondo come lo conosciamo e, per altri, si tratta di una "Singularity" che rappresenta l'apocalisse. Tutte queste discussioni che stanno succedendo non sono utili ai nostri scopi come ingegneri e manager .

Dovremmo lasciare fuori dalle nostre considerazioni la tendenza per le persone a voler immergersi negli aspetti metafisici, che è una distrazione dalla focalizzazione sulle applicazioni d'intelligenza artificiale e le innovazioni, e dobbiamo concentrarci dove andare nei i prossimi cinque o dieci anni, l'unico periodo di tempo realisticamente alla nostra portata.

La chiave per usare efficacemente l'intelligenza artificiale è quella di aumentare e migliorare gli esseri umani, non sostituirli e le aziende che considerano le macchine intelligenti come un'opportunità di riduzione dei costi potrebbero inserirle in tutti i posti di lavoro e in tutti i modi sbagliati. Se i manager cercano di usare l'intelligenza artificiale per sostituire gli umani, sono tenuti a prendere decisioni sbagliate su come usarlo.

AI elimina la parte noiosa e ripetitiva di un lavoro, ma alla fine potrebbe richiedere più personale (e personale altamente qualificato) per gestire le parti meno ordinarie e più creative.

Una strategia di intelligenza artificiale, se si tratta solo di una strategia di intelligenza artificiale, non ottiene molto. Una strategia di intelligenza artificiale che è solo una strategia di intelligenza artificiale è una strana superstizione manageriale: versa salsa magica di intelligenza artificiale su tutto, e sarà fantastico.

La migliore da dire è che una strategia AI inizia prima pensando gli obiettivi di business e quindi di incorporare AI nelle strategie di business, piuttosto che costruire una strategia di IA di per sé. Io ti s di gran lunga migliore per raggiungere obiettivi specifici, approfittando di AI invece di renderlo un obiettivo in sé.

Un'impresa dovrebbe resistere alla tentazione di diventare una "AI-first " e prima di implementare un sistema di intelligenza artificiale per lavorare in modo intelligente e trarre vantaggio dai propri dati, per conoscere e migliorare le proprie performance passate.

Le imprese non hanno bisogno dell'intelligenza artificiale per diventare qualcosa di nuovo che non capiscono ancora, hanno bisogno dell'intelligenza artificiale per sfruttare i punti di forza che già hanno, e diventare ciò che sono già, ma meglio.

La strategia dovrebbe iniziare chiedendo cosa, precisamente, una società vuole realizzare. Come esempi:

Per migliorare l'esperienza del cliente?

Per migliorare i processi interni?

Per migliorare la progettazione del prodotto ?

Per migliorare le caratteristiche del prodotto ?

Per sostituire ripetitivo o semplicemente attività noiose?

AI può aiutare a realizzare tutte queste cose e molto altro, proprio come molti strumenti. Ma per avere successo, una strategia AI deve essere parte di un piano aziendale generale. Sia a improvvisare e un'attività attuale o la costruzione di una nuova attività, l'IA dovrebbe servire il business plan, non il contrario.

L'obiettivo di un manager dovrebbe essere quello di evitare di incorrere in decisioni sbagliate su dove investire e di finire per sprecare grandi quantità di denaro in progetti stupidi che nessuno finisce per preoccuparsi .

E, ultimo ma non meno importante, un manager non dovrebbe essere confuso dai molti termini che fioriscono da AI, come Machine Learning, Deep Learning, Neural Networking e molti altri, e solo lui dovrebbe parlare di automazione, questo è quello che dovremmo cercare alla fine!

E Machine Learning è il sub-capitolo più promettente ed immediatamente efficace della IA oggi da cui i manager possono affrontare soluzioni utili.

<u>Machine Learning</u>

Arthur Samuel, un pioniere nell'apprendimento automatico, ha dato la migliore definizione di ciò di cui stiamo parlando: "Machine Learning è uno studio che dà ai computer la possibilità di apprendere senza essere programmato esplicitamente ".

Machine Learning fa parte di ciò che gli esperti chiamano Machine Intelligence, che include vari derivati come deep learning, cognitive computing e così via, tecnologie che differiscono dai software tradizionali .

Tutte queste tecnologie cognitive potrebbero essere in grado di ridurre il bisogno di lavoro umano ma in generale, il collegamento di queste offerte alle esigenze aziendali di un'organizzazione richiede una profonda comprensione delle loro capacità.

Oggi L'apprendimento automatico può persino guidare le auto e prevedere le elezioni, ma questi recenti singhiozzi di alto profilo dovrebbero far sì che chiunque lavori con i dati, grandi o non grandi, e la macchina algoritmi che si pongono alcune domande molto difficili se capiamo che il modello e le risposte che l'algoritmo di apprendimento automatico ci sta dando.

Molti dirigenti sono entusiasti del potenziale commerciale delle applicazioni di apprendimento automatico. Ma i business leader spesso trascurano un problema chiave: per sbloccare completamente i vantaggi dell'intelligenza artificiale, devi potenziare le abilità della tua gente e creare una forza lavoro abilitata e motivata da IA.

L'importanza della ML è che, poiché è basata sui dati, può essere addestrato a creare preziosi modelli predittivi che possano guidare decisioni appropriate e azioni intelligenti. Con la varietà e il volume di dati disponibili oggi, più potente ma accessibile elaborazione computazionale e archiviazione dei dati più economica, è possibile costruire modelli che possono analizzare grandi e complessi dati per fornire risultati più rapidi e più precisi.

Machine learning (ML) Dea l s con i sistemi e algoritmi in grado di imparare da diversi dati e fare previsioni. Un esempio è la previsione dei modelli di traffico in corrispondenza di un incrocio molto trafficato: un programma può eseguire un algoritmo di apprendimento automatico contenente dati sui modelli di traffico passati e, avendo "acquisito" i dati precedenti, può escogitare previsioni migliori dei modelli di traffico futuri.

L'obiettivo principale di un discente è di generalizzare, e una macchina di apprendimento in grado di farlo può eseguire con precisione compiti nuovi o imprevisti. L'obiettivo della macchina per l'apprendimento è imitare la cognizione umana creando un modello generalizzato per produrre previsioni abbastanza precise.

La ML supervisionata si basa su dati in cui è indicata la vera etichetta come insegnare a un computer a distinguere tra le immagini di cani e gatti dove ogni immagine è etichettata "gatto" o "cane".

Etichettatura è normalmente eseguita dall'uomo per garantire un'alta qualità dei dati. Avendo imparato la differenza, l'algoritmo ML può ora classificare nuovi dati e prevedere le etichette ("gatto" o "cane") su precedenti immagini non viste .

ML senza supervisione, priva un algoritmo di apprendimento delle etichette utilizzate nell'apprendimento supervisionato. Di solito consiste nel fornire all'algoritmo ML una grande quantità di dati su ogni aspetto di un oggetto. Esempio: presentato con immagini di cani e gatti che non sono stati etichettati, ML senza supervisione può separare le immagini in due gruppi in base ad alcune caratteristiche intrinseche delle immagini.

Apprendimento rinforzato, esempio: imparare a giocare a scacchi. ML riceve informazioni sul fatto che un gioco è stato vinto o perso. Il programma non ha alcuna mossa etichettata come di successo o meno, ma conosce solo il risultato dell'intero gioco. L'algoritmo ML può quindi giocare un numero di giochi, ogni volta dando importanza a quelle mosse che si traducono in una combinazione vincente.

Ci sono più di una dozzina di approcci impiegati in Machine Learning ed alcuni di questi includono:

Decision Tree Learning, un modello predittivo che mappa le osservazioni su un oggetto per trarre conclusioni sul suo valore per l'obiettivo.

Reti neurali artificiali, un apprendimento algoritmico, ispirato ai neuroni biologici, che utilizza strumenti di modellazione dei dati statistici per trovare schemi dai dati stessi.

Apprendimento profondo, consiste in più livelli nascosti in una rete neurale artificiale per copiare il modo in cui il cervello umano elabora la luce e il suono in visione e udito. I moderni software di visione artificiale e riconoscimento vocale sono prodotti di apprendimento approfondito.

Bayesian Networks, un modello grafico probabilistico che rappresenta un insieme di variabili casuali e le loro interdipendenze condizionali; ad esempio, le relazioni probabilistiche tra malattie e sintomi.

E' noto che una persona può tipicamente creare uno o due buoni modelli la settimana mentre Machine Learning può crearne migliaia a settimana!

L'importanza della ML è che, poiché è basato sui dati, può essere addestrata a creare preziosi modelli predittivi che possano guidare decisioni appropriate e azioni intelligenti. Con la varietà e il volume di dati disponibili oggi, un'elaborazione più potente, più economica e l'archiviazione dei dati stessi, è resa possibile con la contemporanea creazione di modelli per fornire risultati più rapidi e più precisi.

EINSTEIN 'ASFALTA' L'AI

Si continua a parlare dell'imminente possibilità di creare un'intelligenza di tipo umano se non, addirittura, superiore. Ma ancora oggi non si sa cosa la intelligenza umana sia, come mostra una delle menti più illustri del secolo scorso.

Da quando frequentavo l'università, mi sono intestardito nel voler capire la teoria della relatività, ristretta e generale, e credo di averne allora solo sfiorata la comprensione perché l'argomento è di una spaventosa difficoltà. Mi consola che, quando nel 1921 chiesero al fisico Arthur Eddington che sosteneva le teorie di Einstein se davvero solo tre persone al mondo avessero compreso quella teoria, il premio Nobel inglese rispose: "Sì, ma chi sarà il terzo?

Einstein aveva ventiquattro anni quando pubblicò il suo primo articolo negli "Annalen der Physik" del 1906 intitolato "L'elettrodinamica dei corpi in movimento". All'epoca non faceva parte di alcuna istituzione scientifica o avesse molti contatti con importanti docenti di fisica dell'epoca e viveva con la modesta paga di impiegato dell'ufficio brevetti di Berna. Eppure tutto il mondo lo considera il più grande genio del secolo scorso e ad esempio di quali vette la mente umana possa raggiungere nello scrutare la natura col solo pensiero. Non mancava la sicurezza al giovane tedesco (che abitò a Berna, a Milano ed a Pavia, lo possiamo quindi considerare "vicino di casa"). Quando gli giunse notizia che gli esperimenti di Eddington aveva confermato, la teoria della relatività rispose "ma io non avevo bisogno di questa dimostrazione". Un esempio di chutzpah come dicono gli americani, la sicurezza spinta all'estremo di chi si muove ai livelli più alti delle possibilità umane.

Altrettando si può dire di Stephen Hawkins scomparso poche settimane fa. La SLA aveva ucciso tutto del suo corpo tranne la mente. E con questa mente Hawkins non solo riuscì a penetrare come pochi suoi contemporanei la fisica più alta, fu anche capace di condividerla con tutto il mondo (uno dei suoi libri vendette 10 milioni di copie).

Questa è la vera intelligenza. Guai a confonderla con quella cosiddetta artificiale, "vera" intelligenza di cui disponiamo penetrando con essa la realtà e scoprendo grandi verità. Con una mente libera da pregiudizi e pochi dati, utilizzando i soli esperimenti mentali Einstein riuscì a produrre una teoria fisica di una potenza incredibile che descriveva compiutamente l'intero universo. Probabilmente si può dire lo stesso di Stephen Hawkins. Il suo metodo si può considerare vicino ai concetti filosofici delle forme ideali che si trovano in Platone, metodo che con la pura elaborazione mentale lo ha portato a conclusioni che solo a posteriori altri hanno verificato come corrette.

Mi pongo a questo punto una domanda: "Se in quell'epoca fossero esistiti programmi di intelligenza artificiale dieci volte più avanzati di oggi e computer dieci volte più potenti di quelli che solo oggi sappiamo costruire e con tutti dati del mondo in memoria si sarebbe potuto scoprire la completa teoria della relatività di Einstein, quella speciale e quella generale?".

La mia risposta è certamente no, anzi aggiungo che se Einstein stesso li avesse avuti a disposizione sarebbe sicuramente stato distolto dai suoi esperimenti puramente mentali e si sarebbe magari appoggiato ai big data disponibili e non avrebbe scoperto nulla o ben poco di nuovo. Il matematico tedesco David Hilbert ha affermato in una conferenza: "Einstein di geometria ne conosce meno di un qualsiasi ragazzino che si incontra per le strade", ed aggiunse: "Sapete perché Einstein ha detto le cose più profonde ed originali sullo spazio e sul tempo che siano state dette dalla nostra generazione? Perché non aveva imparato nulla di tutta la filosofia e la matematica sul tempo e sullo spazio.

Al contrario un sistema artificiale, per quanto grande e complesso, non potrebbe prescindere da tutto ciò che l'intelligenza artificiale e noi conosciamo per intuire qualcosa che l'umanità ancora non sa e che le fa compiere un bel salto in avanti nella conoscenza dell'universo.

Questa premessa vuole solo rilevare che la peculiarità delle nostre capacità mentali non sono quelle di far di calcolo, di memorizzare, di analizzare ma, alla stregua di Einstein, di prescindere dal noto per scrutare l'ignoto con l'uso della sola mente: i greci antichi ce lo insegnano!

Morale della favola: tutto ciò che noi creiamo ieri, oggi ed in futuro sono e resteranno strumenti al nostro servizio, compresa quella che erroneamente chiamiamo "intelligenza artificiale" e questi strumenti potranno essere usati bene o male perché solo noi umani ne abbiamo la capacità col nostro libero arbitrio.

GLOBALIZZAZIONE ED INTELLIGENZA ARTIFICIALE

L'intelligenza artificiale si trova oggi all'inizio di un suo sviluppo esponenziale. La sua pervasività richiede che il suo potenziale sia conosciuto da tutti e che il suo utilizzo sia governato da leggi etiche.

The artificial intelligence is now at the beginning of its exponential growth. Its pervasiveness requires that its potential should be known by everybody, and that its use should be governed by ethical laws.

In questo primo lavoro tratteremo dell'AI, acronimo dall'inglese Artificial Intelligence, che è un argomento che sta esplodendo e non esattamente nella direzione pensata dal grande scrittore fantascientifico Isac Asimov nei suoi famosi romanzi, ma che sta andando ben oltre.

La futura, o meglio, l'incombente AI è sicuramente il punto d'arrivo e di convergenza di un gran numero di discipline a partire dall'informatica (intesa come hardware e software) la matematica, la fisica, la filosofia, la medicina e forse anche la cosmologia. In queste brevi righe intendiamo solo informare il lettore della sua pervasività e quindi della sua importanza per chi si occupa di costruire e più in generale, dell'ingegno umano.

L'idea di macchine pensanti e di algoritmi che le gestiscono si perde nella notte dei tempi; addirittura il grande filosofo e matematico tedesco Leibniz aveva divinato la necessità di un linguaggio artificiale universale come algoritmo e Leibniz stesso inventò l'aritmetica binaria, quella degli uni e zeri alla base di tutta l'informatica di oggi.

In seguito grandi nomi come Blaise Pascal, Charles Babbage, Claude Shannon, Alan Turing e molti altri hanno giocato intorno all'argomento prima ancora dell'avvento dei computer elettronici fino al nascere nel 1956 dell'AI (Artificial Intelligence) nata formalmente nell'ambito di un convegno nel collegio Dartmouth nel New Hampshire in Inghilterra, anno in cui si prevedeva la fattibilità di un'intelligenza artificiale degna di quel nome, cioè in grado di pensare come l'uomo, grazie ai nuovi strumenti offerti dall'elettronica.

Contemporaneamente allo sviluppo dell'AI un altro fenomeno, quello di internet, si è sviluppato e continuerà la sua crescita, ma quello che in economia sta accadendo come conseguenza è che la produttività per unità di lavoro, pur continuando ad aumentare in tutti i Paesi, non ha una corrispondente crescita del reddito delle famiglie, come accadeva nel passato.

Il fatto è chiaramente illustrato dal Dr. William Davidow in un articolo sull'Harvard Business Review (http://bit.ly/1MoY8eO), dove presenta il grafico del reddito individuale paragonato al grafico della produttività da cui si vede come il reddito individuale cresca molto meno, come del resto anche l'occupazione, e c'è da sperare che questa discrasia possa essere corretta con l'AI, se impiegata in modo corretto ed etico.

L'Intelligenza Artificiale è molto di più di una semplice tecnologia! AI più internet possano diventare una combinazione esplosiva, nel bene e nel male e tutti, governi compresi, sperano che porti alla soluzione degli immani problemi che l'umanità intera si trova ad affrontare, compresa l'occupazione.

Una risorsa in grado di progettare ciò di cui abbiamo bisogno ed in tempi rapidi fornendoci la via alla soluzione più efficace di problemi molto complessi come una grande infrastruttura ingegneristica oppure una soluzione sull'ottimizzazione dell'impiego delle risorse disponibili, sarebbero certamente di grande ed auspicabile aiuto di cui senz'altro l'umanità ha bisogno.

Con grande semplificazione, cosa potrebbe imparare e poi utilizzare un bambino con un'intelligenza superiore e che potesse accedere in un colpo a tutto lo scibile umano "on line" e trarne delle conclusioni, siano esse progetti oppure analisi di elevatissima complessità? Questo l'AI ed internet di prossima generazione potranno fare.

Attenzione per quanto riguarda la questione della realizzabilità ora non si tratta più del "se", ma del "quando"; anzi, possiamo dire che il quando è una funzione delle risorse economiche poste in essere ed ecco che la rivista Nature ha pubblicato qualche mese fa (http://go.nature.com/2e54Yrk) un articolo in cui riporta gli investimenti per trimestre noti in questo settore (vedere figura) a cui sarebbero da aggiungersi i molti non dichiarati.

Nello stesso articolo viene riportata la dichiarazione della presidente Ginni Rometty di IBM secondo la quale l'opportunità di business per l'AI nella prossima decade supererà i 2 trilioni di dollari.

L'AI dalla sua fondazione 60 anni fa non si è affatto sviluppata nei tempi e nella direzione sperata, perché le fantascientifiche idee di un Azimov e le speranze di molti scienziati si sono infrante contro l'incredibile complessità del cervello umano e dei nostri comportamenti, ancora oggi tutt'altro che compresi nella loro totalità e quindi nella loro complessità non facilmente emulabile da macchine per quanto potenti; ora, quasi improvvisamente, si sono creati programmi e macchine che permetterebbero di andare ben oltre alle idee iniziali ed il mondo intero ci si sta buttando a capofitto.

Per capire quanto successo nell'AI è interessante leggere la poderosa opera di Nick Bostrom dell'università di Oxford (http://bit.ly/2i4LqUP) che ne illustra le varie fasi e le branche da essa nate (reti neurali, super intelligenza collettiva, tentativi di emulare il nostro cervello, ecc. ecc.).

L'argomento quindi è ora una scommessa globale ed è sulla tavola dei Governi delle principali nazioni. Non si tratta infatti di una semplice tecnologia come tante che hanno invaso il nostro mondo da oltre un secolo, bensì qualcosa che sta richiedendo ingenti investimenti e la concentrazione di un gran numero di ricercatori per attuarla come processo forse risolutivo per le future progettazioni e produzioni.

Su questo processo che procedeva con alterne fortune dal 1954, da circa cinque anni si stanno riversando immensi capitali privati e pubblici: aziende con risorse quasi illimitate come Google, Apple, Facebook, Ibm, Microsoft e tante altre hanno messo insieme gruppi talentuosi ed incredibili con obiettivi che fino a pochi anni fa facevano parte solo della fantascienza.

Siamo davanti ad un processo che è diventato esponenziale e che fa il parallelo con l'altro processo esponenziale dell'hardware governato dalla legge di Moore. Questi due processi esponenziali si sono ormai congiunti e renderanno ogni pronostico assolutamente imprevedibile poiché la grande velocità dell'hardware (computer quantistici) algoritmi sempre più vicini al nostro cervello (auto apprendimento) ed enormi risorse economiche costituiscono una immane forza che nessuna attività umana può trascurare.

Premesso quanto sopra è opportuno che anche il mondo delle costruzioni e di tutta la catena che le rende possibili conosca questa realtà che non ha più a che fare tanto con quella che si chiamava automazione, informatica e supporti al calcolo, anche potentissimi, ma ha a che fare con programmi per elaborazioni di apprendimento in grado di imparare e di accrescere le proprie capacità in modo autonomo.

Uno di questi programmi è illustrato in un recente articolo su Science che sinteticamente illustra un modello di algoritmo in grado di emulare la capacità di apprendimento umano per una vasta classe di concetti visivi come i caratteri scritti a mano di molti alfabeti.

I concetti in questo modello sono rappresentati da singoli programmi che individuano oggetti osservati con un criterio statistico (statistica di Bayes) e raggiunge prestazioni elevatissime tanto che i risultati sono indistinguibili dal comportamento umano (http://bit.ly/1XR0BQH): questa è la AI di oggi e del futuro.

È cosa buona? Dipende. Se ne disporremo tutti sarà un'ottima cosa… sarà pericolosa se ne disporranno in pochi. Quella che fino a ora è stata chiamata intelligenza artificiale, è sul punto di esplodere verso mete che, se ben governate, renderanno l'umanità più produttiva e più libera.

Bibliografia

Nick Bostrom – Superintelligence, Paths, Dangers, Strategies – University of Oxford (http://bit.ly/2i4LqUP)

Nick Bostrom, Alian Dafoe, Carrick Flynn – Policy Desiderata in theDevelopment of Machine Superintelligence – University of Oxford (http://bit.ly/2k2PMxC)

IEEE – Ethically Aligned Design, a Vision for Prioritizing Human Wellbeing with

Artificial Intelligence and Autonomous Systems (http://bit.ly/2l1RFeO)

William H. Davidow - The Internet Has Been a Colossal Economic Disappointment – Harvard Business Review (http://bit.ly/1MoY8eO)

Kate Crawford, & Ryan Calo - There is a blind spot in AI research – Nature (http://go.nature.com/2e54Yrk)

UK Parliament – Robotics and Artificial Intelligence - (http://bit.ly/2dPyao7)

Jonathan Vanian - Google Artificial Intelligence Whiz Describes Our Sci-Fi Future – Fortune Tech (http://for.tn/2gxPooM)

Melvin Johnson & al. - Google's Multilingual Neural Machine Translation System: Enabling Zero-Shot Translation – Corner University Library, 14 nov 2016 (http://bit.ly/2fWlfTc)

UNO SCIAME DI INNOVAZIONI

Gli sciami di insetti non sono dei semplici raggruppamenti: si tratta di vere forme di intelligenza collettiva. L'internet delle cose apre le porte ad applicazioni di super intelligenza artificiale che traggono ispirazione proprio dallo studio di alveari e sciami. E tra i primi in questo campo c'è il ticinese Idsia

Sciami e alveari sono da tempo studiati dai naturalisti come forme di super intelligenza collettiva. Da decenni alcuni centri di ricerca, fra i quali il ticinese 'Dalle Molle', ora parte della Supsi con il nome di Idsia, hanno posto le basi per far fiorire una branca dell'Intelligenza Artificiale (AI) che alcuni ritengono sia la vera rivoluzione che risolverà in modo positivo molti problemi dell'umanità.

Louis Rosenberg, fondatore della Unanimous A. I. (http://unanimous.ai) afferma infatti "Immaginate una 'mente alveare' globale che possa toccare la conoscenza, la saggezza, le sensazioni e gli intuiti di milioni di persone, e produrre una super-intelligenza che sia molto più intelligente di ogni singola persona. Una nuova tecnologia, chiamata intelligenza artificiale sciame (Swarm Artificial Intelligence) sta rendendo questo possibile e potrebbe essere la nostra migliore difesa contro i pericoli emergenti dalla A.I.".

E la società di Rosenberg è tra le prime a studiare tecniche di 'amplificazione dell'Intelligenza' mediante la swarm Intelligence, cioè l'applicazione delle tecniche che la natura ha messo in atto per la sopravvivenza delle api, delle formiche, delle termiti e molti altri esseri viventi che collegando le loro piccole intelligenze individuali riescono a risolvere problemi di ottimizzazione estremamente complessi. Rosenberg ha espresso la sua visione in una conferenza TED sull'argomento. (http://bit.ly/2f3jZvz).

La swarm intelligence non va confusa con il ben noto 'Team Work', che è alla base del moderno modo di operare dove gruppi di persone collaborano per il raggiungimento di un obiettivo che sia esso aziendale, sociale, politico o militare. In questo caso tutto parte dalla accettazione dell'obiettivo comune da perseguire e dalla leadership richiesta nel gruppo per coordinare il tutto in modo efficace.

La swarm intelligence, al contrario, deve lei scegliere l'obiettivo migliore per il gruppo e ciascuno vi contribuisce alla pari senza che vi sia un leader a guidare.

Efficace è l'esempio proprio delle api e dell'alveare: quando le necessità impongono di cercare un nuovo sito per costruire l'alveare un gruppo di api operaie partono verso innumerevoli direzioni e la natura fa sì che quanto ciascuna ape rileva sia messo a disposizione della intelligenza comune e la scelta cade proprio su quel luogo che ha la massima probabilità di soddisfare le esigenze di tutte le api.

È un processo complesso, come se il collegamento tra le api non fosse a livello di comunicazione esterno a loro, ma come se i pochi neuroni di ciascuna ape fossero direttamente collegati ai neuroni di tutte le altre: in pratica si ha la creazione di una singola grande intelligenza che sceglie!

Siamo ancora all'inizio di questa fantastica applicazione di una tecnica che la natura stessa ha sviluppato milioni di anni fa, ma già se ne intravvedono le immense possibilità: se alcune migliaia di piccole api con i loro pochi neuroni riescono a fare ciò che fanno, cosa mai potrebbe fare un'unica intelligenza formata da milioni di cervelli umani? Oppure - scegliendo un obiettivo più semplice - cosa potrebbero fare una volta connesse insieme le 'piccole intelligenze' dei miliardi di sensori internet of things?

Siamo solo all'inizio, ma già altre grandi società, oltre a quelle nuove come la Unanimous, quali Microsoft, Google, IBM, Apple ed altre meno note in settori militari medicali e governativi, stanno formando dei reparti dedicati alla Swarm intelligence, per le evidenti implicazioni che la sua applicazione certamente apporterà loro.

Nascono algoritmi specifici come il PSO (Particle Swarm Optimisation http://bit.ly/2fdf670), nuove e più approfondite ricerche sul comportamento degli sciami naturali (api, formiche, uccelli, pesci, ecc.) per riprodurne artificialmente i comportamenti innati.

I militari stanno applicando la Swarm Intelligence a gruppi di soldati che devono scegliere rapidamente la loro migliore modalità operativa sul campo di battaglia.

Una applicazione dello sciame alla internet of things già esiste. Leggendo la posizione degli smartphone dei guidatori, è possibile stimare il tempo necessario per percorrere una distanza in autostrada e rilevare code e colli di bottiglia molto prima che si attivino i servizi radio e i messaggi di allerta sui pannelli luminosi delle autostrade. I singoli guidatori possono rispondere come uno sciame a queste informazioni scegliendo percorsi alternativi esattamente come uno sciame di uccelli cambia direzione all'approssimarsi di un pericolo.

E' l'inizio, abbastanza inatteso, di un qualcosa destinato a cambiare molte nostre idee sull'intelligenza artificiale ed i suoi pericoli come siamo abituati a pensarla applicata a singoli robot o, comunque, a singole macchine: noi, tutti insieme, saremo sempre e certamente superiori a qualsiasi macchina!

Nel frattempo ecco alcuni riferimenti per approfondire: gli articoli:

- Warm Intelligence: AI algorithm predicts the future (http://bit.ly/1Nwnim8).
- How artificial swarm intelligence uses people to make better predictions than experts (http://tek.io/1RGK3LK).
- Swarm Intelligence: Principles, Advances, and Applications (http://amzn.to/2y755fl);
- Integration of Swarm Intelligence and Artificial Neural Network (http://bit.ly/2yhJxNX) e Swarm Intelligence (http://bit.ly/2xqSFlq).

LE "COSE" INONDANO INTERNET

Dare dei 'sensi' alle cose e permettere loro di trasmettere le loro 'sensazioni' è assai poco costoso. Settore dopo settore si stanno scoprendo i vantaggi dell'Internet of Things e presto la nostra internet sarà un piccolo sottosettore dell'immensa rete degli oggetti.

Dire che internet connette le persone è ormai banale come dire che i pesci nuotano o gli uccelli volano. Meno chiaro è che internet connette sempre di più le cose. Ci sono ovviamente molti più oggetti che soggetti. Già da qualche tempo le 'cose' connesse hanno superato il numero di esseri umani. Fra due anni dovrebbero diventare 50 miliardi.

Produrre e connettere queste decine di miliardi di oggetti che comunicano ed elaborare i dati prodotti creando nuovi servizi insomma quell'insieme di attività definito Internet of Thing (IoT) rappresenterà nel 2025 un mercato da 11.100 miliardi di dollari, afferma McKinsey. Si prevede che nel 2032 per ogni individuo collegato alla rete, sulla Terra vi saranno da 3.000 a 5.000 oggetti contemporaneamente interconnessi intorno a lui.

Molte industrie, tra cui quell'automobilistica e aereonautica, stanno utilizzando questa recente tecnologia con l'obiettivo di ridurre del 30% il loro time to market e per ottenere sempre più prestazioni dai loro prodotti.

L'hardware necessario per dare dei 'sensi' agli oggetti e per far comunicare le loro 'sensazioni' alla rete ha costi bassissimi: nell'ordine di qualche dollaro. Ho assistito ad una recente conferenza in cui un esperto riportava l'esempio di come mettere in rete una sedia, proprio una normalissima sedia di legno su cui normalmente ci sediamo.

L'esperto dimostrava come per inserire la sedia in rete si debba procedere dotandola innanzitutto di elettronica opportuna per collegarla alla rete. Ha quindi descritto come procedere per raggiungere questo risultato: prima di tutto occorre fornire alla sedia un'identità e quindi un indirizzo IP che è un indirizzo univoco in tutta la rete. Poi dobbiamo renderla capace di comunicare quanto rileverà con i sensi di cui dobbiamo dotarla con l'elettronica.

I componenti elettronici per ottenere il risultato voluto costerebbero meno di 15 dollari e, con questa semplice attrezzatura, la sedia può leggere delle etichette che identifichino chi ci si siede, riportare la temperatura ed altri dati utili.

La sedia quindi, connessa alla rete internet in modo continuo ed autonomo, potrebbe essere interrogata grazie ad un semplice smartphone, standosene a Washington mentre la sedia, diventata elemento attivo della rete, se ne sta tranquilla a Londra.

Ad esempio, si potrebbe voler conoscere in tempo reale la temperatura dell'ambiente intorno alla sedia, se e chi si stia seduto ed altri dati rilevabili con l'aggiunta di sensori poco costosi.

La sedia potrebbe essere sostituita da qualsiasi altro oggetto, una moto, il frigorifero, una casa o qualsiasi elemento su cui agire da qualsiasi punto del pianeta.

Ho voluto riportare questo semplice esempio per la sua semplicità ed efficacia, ma naturalmente Internet of Thing è ben di più. Oggi si ottimizzano intere città come Barcellona e la facilità ed il basso costo nel dare vita in rete a qualsiasi 'cosa' ed in qualsiasi quantità va unita alla complessità della gestione dei dati che gli opportuni programmi, anche di intelligenza artificiale, comunque devono essere prodotti per gestirli. Le applicazioni di questa tecnologia aspetta solo l'inventiva degli umani, non ci sono limiti, ma gli utilizzatori devono ovviamente informarsi a fondo sul come utilizzarle in modo proficuo.

Molte organizzazioni hanno assegnato ai loro oggetti un codice a barre: pensiamo alle attrezzature di un ospedale, o ai componenti di un treno. Si può andare oltre. Potrebbero avere un indirizzo IP e uno o più sensori le rocce, i guard-rail di una autostrada e tutti i dati prodotti possono essere immessi in tempo reale nella rete internet e da questa raccolti ed analizzati da un programma di intelligenza artificiale.

Sensori, ovunque distribuiti e connessi alla rete e poi gestiti da programmi intelligenti, già stanno risolvendo enormi problemi nell'industria, negli ospedali e negli ambienti pubblici.

Il concetto da comprendere a fondo è che oggi, grazie alla rete, controllare un oggetto a qualche metro di distanza o dall'altra parte del pianeta ha lo stesso costo, anzi, in molti casi costa di più controllarlo da vicino con altri mezzi che non siano la rete.

Gli esempi mostrano chiaramente come il meccanismo principale della tecnologia IoT sia di ottimizzare i processi produttivi e tecnologici riducendone i costi e velocizzandone l'attuazione.

È realistica la previsione che per l'anno 2032 ciascuno di noi si troverà intorno una marea di oggetti che parlano con la rete: molte parti della nostra auto comunicheranno con la fabbrica che rileverà dati sull'usura e sulla vita dei vari componenti. Tutti dati utili per la progettazione e per la manutenzione. Le apparecchiature domestiche seguiranno la stessa modalità nell'informare i produttori sul loro utilizzo. Le strade intorno a noi collaboreranno con la nostra e le altre auto per ottimizzarne i percorsi.

Il numero delle aziende che nel mondo operano nell'IoT, tra vecchie, grandi e nuove start up, ha largamente superato le migliaia e molte altre presto si aggiungeranno per coprire ogni esigenza di questo immenso mare di possibilità.

IoT trasforma la nostra operatività estendendola con il semplice utilizzo di informazioni di cui già disponiamo ma che non vengono raccolte e gestite.

Detto tutto questo nasce la domanda di come un'azienda possa cominciare in modo efficace ad adottare l'IoT e la risposta è semplice: cominciando da ciò che già esiste, dalle cose che si considerano importanti e soprattutto cominciando in piccolo per poi seguire una logica di apprendimento corretto.

IoT - Intelligenza e sensorialità distribuite: una soluzione anche per i cantieri

Nell'ambito della AI spesso si parla di "Internet of Things" (IoT) e l'argomento potrebbe sembrare lontano dal mondo dell'ingegneria, dalla progettazione e dalle costruzioni, ma le cose non stanno affatto così e per questo ne parliamo.

Occorre premettere che stiamo trattando di una branca della tecnologia moderna che non mancherà di riservare molte sorprese: chi non ne ha dimestichezza ed è interessato a dirigere e produrre è bene che ne conosca le profonde implicazioni.

Di internet che interconnette le persone ormai anche i più piccoli ne hanno capito la pervasività e l'importanza, ma è meno noto di come questo "collegarsi" si sia trasferito anche agli oggetti e come oggi la comunicazione tra le "cose "sia esplosa in una misura tale da far impallidire l'internet tra gli umani.

Alcuni dati: si prevede che gli oggetti collegati a Internet raggiungeranno i cinquanta miliardi fra due anni e McKinsey prevede che nel 2025 questo mercato varrà 11,1 trilioni di dollari, una cifra lontana da ogni più pallida immaginazione solo qualche anno fa.

Molte industrie, tra cui quell'automobilistica ed aereonautica, stanno utilizzando questa recente tecnologia con l'obiettivo di ridurre del 30% il loro time to market e per ottenere sempre più prestazioni dai loro prodotti.

Si prevede che nel 2032 per ogni individuo collegato alla rete sulla Terra vi saranno da 3.000 a 5.000 oggetti contemporaneamente interconnessi intorno a lui. In pratica la rete degli oggetti diverrà il sistema dei sistemi che ci sovrasterà e governerà.

Come può trarne vantaggio il mondo delle costruzioni e dell'ingegneria? Apparentemente parrebbe complicato o, peggio, poco pratico, ma non è così, solo che richiede una certa interdisciplinarità per trarne dei vantaggi significativi.

Cominciamo col parlare di costi: l'hardware per dare dei sensi agli oggetti affinché "comunichino" le loro "sensazioni" alla rete ha costi dell'ordine di qualche dollaro ed a questo proposito riporto quanto ho ascoltato in una recente conferenza sull'IoT che partiva proprio da questa considerazione e che mi è sembrata chiarificatrice.

L' esperto che parlava si era posto la domanda di come mettere in rete una sedia: si, proprio una normalissima sedia di legno. Questo era l'oggetto a cui si voleva applicare un semplice concetto di IoT per rendere tangibilmente l'idea di come si possa sviluppare la tecnologia per qualsiasi "cosa".

Per inserirla in rete dobbiamo fare in modo che questa sedia comunichi con la rete stessa e che invii i suoi dati in modo che possano essere interpretati, ad esempio, da uno smartphone collocato in un qualsiasi punto del pianeta.

Si può voler conoscere, stando a Washington, in tempo reale la temperatura dell'ambiente intorno alla sedia, se e chi si sia seduto, ed altri dati rilevabili con l'aggiunta di sensori mentre la sedia si trova a Londra.

Il conferenziere ha quindi descritto come procedere per raggiungere questo risultato: prima di tutto occorre fornire alla sedia un'identità e quindi un IP che, come sappiamo, è un indirizzo univoco in tutta la rete. Poi dobbiamo renderla capace di comunicare quanto rileverà con i sensi di cui dobbiamo dotarla.

I componenti elettronici mostrati nella conferenza per ottenere tutto questo costerebbero meno di 15 dollari e, con questa semplice attrezzatura, la sedia può leggere delle etichette che identifichino chi ci si siede, controllare eventuali gas, riportare la temperatura ed altri dati.

La sedia quindi, connessa alla rete internet in modo continuo ed autonomo, potrà essere interrogata o comandata grazie a quel semplice smartphone, standosene a Washington mentre la sedia, diventata elemento attivo nella rete, se ne sta tranquilla a Londra.

Nell'esempio la sedia potrebbe essere sostituita dal casco di un operaio, il sensore anziché un RFI potrebbe essere un sensore termico e dovunque al mondo con uno smartphone si potrebbe sapere se quel casco è indossato oppure no.

Aggiungendo un sensore di gas si potrebbero rilevarne i dati, o meglio, gestirli nel modo opportuno da appositi programmi per interventi di sicurezza e i caschi potrebbero essere migliaia, o decine di migliaia, sparsi in tutto il mondo

Ho voluto riportare questo semplice esempio per la sua semplicità ed efficacia, ma naturalmente IoT è ben di più. Oggi si ottimizzano intere città come Barcellona e la facilità ed il basso costo nel dare vita in rete a qualsiasi "cosa" ed in qualsiasi quantità va unita alla complessità della gestione dei dati che gli opportuni programmi, anche di intelligenza artificiale, comunque devono essere prodotti.

Le applicazioni di questa tecnologia aspetta solo l'inventiva degli ingegneri, non ci sono limiti, ma occorre informarsi a fondo sul come fare ed anche trarre vantaggio dalle molte applicazioni di successo in campi diversi.

Tutte le "cose" che fanno parte dell'armamentario di una qualsiasi attività sono identificabili da un indirizzo IP, che sia un martello o un TBM, che sia una roccia o una serie di punti in una galleria e tutti i dati prodotti possono essere immessi in tempo reale nella rete internet e da questa raccolti ed analizzati da un opportuno programma.

I sensori, ovunque distribuiti e connessi alla rete e poi gestiti da programmi intelligenti già stanno risolvendo enormi problemi nell'industria, negli ospedali e negli ambienti pubblici.

Il concetto da comprendere a fondo è che oggi, grazie alla rete, il controllare un oggetto a qualche metro di distanza o dall'altra parte del pianeta ha lo stesso costo, anzi, in molti casi costa di più controllarlo da vicino con altri mezzi che non siano la rete.

Gli esempi mostrano chiaramente come il meccanismo principale della tecnologia IoT sia di ottimizzare i processi produttivi e tecnologici riducendone i costi e velocizzandone l'attuazione.

L'estrazione di informazioni utili ed in modo continuo da una grande quantità di oggetti e la loro correlazione con altre informazioni stanno determinando l'esplosione delle applicazioni di IoT.

La previsione che per il 2032 ciascuno di noi si troverà intorno ad una marea di oggetti che parlano con la rete è tutt'altro che peregrina: molte parti della nostra auto comunicheranno con la fabbrica che rileverà dati sull'usura e sulla vita dei vari componenti. Tutti dati utili per la progettazione e per la manutenzione. Le apparecchiature domestiche seguiranno la stessa modalità nell'informare i produttori sul loro utilizzo. Le strade intorno a noi collaboreranno con la nostra e le altre auto per ottimizzarne i percorsi.

Il numero delle aziende che nel mondo operano nello IoT, tra vecchie, grandi e nuove start up, ha largamente superato le migliaia e molte altre presto si aggiungeranno per coprire ogni esigenza di questo immenso mare di possibilità.

Possiamo riassumere cosa sia "Internet delle Cose" e come cominciare ad adottarlo nel modo seguente.

IoT può connettere miliardi di punti del nostro pianeta e cambiare, migliorandolo, il modo con cui lavoriamo.

IoT consiste nel mettere in rete le parti più vitali della nostra attività: persone, cose, processi, sistemi e tutto ciò di cui è utile gestirne le informazioni.

IoT è connettere l'area fisica dove risiede la nostra attività con altre aree esterne a cui interessa estendere il nostro controllo.

IoT trasforma la nostra operatività estendendola con il semplice utilizzo di informazioni di cui già disponiamo ma che non vengono raccolte e gestite.

IoT permette di reagire in tempo reale a situazioni impreviste.

Detto tutto questo nasce la domanda di come si possa cominciare in modo efficace e la risposta è semplice: cominciando da ciò che già esiste, dalle cose che si considerano importanti e soprattutto cominciando in piccolo per poi seguire una logica di apprendimento corretto.

Ad esempio un'attività può cominciare applicando IoT dai sistemi di cui già si dispone, utilizzando il proprio cloud o un cloud in out source e quindi iniziando a raccogliere e gestire le informazioni dagli oggetti più importanti che abbiamo.

Libri

Adrian McEwen – L'internet delle cose – Editore Apogeo

Martina Casani – Come usare al meglio IoT – Editore Tecniche Nuove

Jeremy Rifkin – Società a costo marginale zero: IoT ecc. – Editore Mondadori

Peter Waher – Learning Internet of Things - Packt Publishing Limited

Robert Stackoeiak – Big Data and The Internet of Things - Springer Nature

Link:

World Economic Forum: 7 ways the Internet of Things can help end world hunger (15 jan 1918) https://bit.ly/2Fn5Nby

WEF: The Internet of Things will power the Fourth Industrial Revolution (24 June 2017) https://bit.ly/2sdbPoD

WEF: How AI, IoT and cyber-security will fuel growth for tech and media companies (31 Jan 2017) https://bit.ly/2ksP9kl

GSMA: Understanding the Internet of Things (pdf): https://bit.ly/2vRDOkP

Gartner. Leading the IoT. https://gtnr.it/2E2WlLu

LA VERITÀ, VI PREGO, SULL'AI

Cosa possiamo aspettarci e cosa è stupido attendersi dall'applicazione dell'intelligenza artificiale? Capirlo è importante perché titoli a effetto e articoli superficiali creano attese che dirigenti politici ancora meno informati cercano di soddisfare indirizzando gli investimenti verso strade senza uscita.

L'apparire delle prime auto a guida interamente 'robotizzata' ha fatto perdere il ben dell'intelletto a molti commentatori. "Domattina (o nel 2020 o nel 2030, fate voi) tutte le auto saranno 'guidate da robot'". In realtà è ben improbabile che nel 2030 uscendo di casa si possa dire alla propria auto: "portami in ufficio", che la super intelligenza artificiale ci porti, davanti all'ingresso dell'azienda per poi andare a cercarsi brava un parcheggio. Statene certi, questo non accadrà nel 2030, nel 2050 e forse neanche del 2100. Un autista umano potrà fare questo e con maggior competenza anche nel 20200!

Vedremo invece, anzi le stiamo già vedendo, applicazioni molto sensate e utili della intelligenza artificiale. Già oggi si costruiscono auto che, con gli opportuni sensori, permettono un parcheggio quasi automatico, altri sensori che mantengono la distanza dal veicolo che precede o azionano il freno se qualcuno si trova sulla traiettoria dell'auto ed altri aiuti.

La prossima frontiera potrebbe essere un sistema che una volta entrati in autostrada magari su una corsia a riservata, come un "pilota automatico" metta automaticamente in fila la nostra con tutte le macchine che la precedono. Stando poi alla giusta distanza e tenendosi in comunicazione continua con le altre auto potremmo viaggiare come fossimo a bordo di un lunghissimo treno che si muove alle velocità limite permesse: Lugano-Zurigo, comodamente al volante partecipando ad una videoconferenza di lavoro o semplicemente telefonando senza dover dividere la nostra attenzione fra la conversazione e la guida. Forse questo non si fa già da anni con gli aerei? Non sarebbe poco. Sottratta all'incostanza della nostra attenzione, all'emozione che ci fa cambiare inutilmente velocità, i tragitti richiederebbero meno carburante o energia, sarebbero più sicuri e si ridurrebbero quelle 'code fantasma' che si formano senza alcuna apparente ragione se non le inutili frenate e accelerazioni degli autisti 'umani'.

Soluzioni di questo tipo saranno presto applicate non fosse altro perché risulterebbero sulle Highway statunitensi molto più immediatamente utili che non in Europa. Vedremo applicare presto la guida automatica in corsia per i mezzi pesanti. Nel 2050, quando le quantità di merci da trasportare triplicheranno ma non triplicheranno le strade, probabilmente si formeranno "treni" di TIR coast to coast percorrendo corsie dedicate sulle esistenti autostrade trasportando molte più merci (grazie alla ottimizzazione della risorsa scarsa cioè lo spazio sull'autostrada) con maggiore sicurezza. L'autista esperto non sarà assolutamente licenziato. Sarà solo più riposato e meglio utilizzato.

Altro esempio di innovazione 'fantascientifica': la popolazione anziana raddoppierà e quindi quadruplicherà la necessità di badanti. Questo problema potrà essere risolto, si dice, da simpatiche robottine che ci aiuteranno a fare la doccia. Non è probabile che questo accada mentre è probabile che le case si riempiranno di sensori e sistemi questi sì intelligenti in grado di aiutare l'anziano nella sua vita normale e in caso di emergenze.

Non parliamo poi delle fantascientifiche idee di dotare di intelligenza quasi umana robot casalinghi che agiscano come nei film di fantascienza. Centri di ricerca di tutto il mondo mostrano in TV le grandi conquiste di macchinine ultra-costose con due braccia e due gambe che si muovono a comando, comandi che vogliono i loro progettisti naturalmente; perché non investire quei soldi per creare ambienti sempre più intelligenti (gli ambienti, non i robot!) di modo che la nostra sicurezza e tutto ciò che ci occorre venga gestito più intelligentemente?

Consulenti e comunicatori scendete dall'albero dell'impossibile e mettetevi a progettare il possibile e solo per il futuro chiaramente prevedibile oggi!

L'errore sta nel pensare che il massimo dell'innovazione consista nel cercare di imitare inutilmente la natura. I vari Ford e Daimler avrebbero sprecato tempo a cercare di costruire automobili a due o quattro gambe. La ruota, anche se non è antropomorfica, funziona molto meglio. Cercando di imitare il piumaggio dei volatili Icaro si sfracellò al suolo e altrettanto accadde a chi cercava il segreto nel movimento delle ali.

Ho ripreso il titolo di un bel libro di poesie di WH Auden 'La verità, vi prego, sull'amore' perché la questione è urgente. I comunicatori superficiali (forse perché mal pagati o perché costretti dall'on-line a scrivere dei 'contenuti' in pochi minuti) fanno danni perché creano attese che politici poco esperti cercano di soddisfare, indirizzando gli investimenti pubblici verso strade senza uscita.

Attenzione: detto quanto non vuole denigrare quanto la tecnologia sta facendo per l'umanità, ma al contrario, indirizzare l'immenso fiume di investimenti e la comunicazione al pubblico verso quanto l'informatica e l'elettronica, di cui AI non è altro, hanno fatto e faranno nel prossimo futuro per farci vivere meglio.

Il campo medico è un esempio efficace: nessun medico potrebbe analizzare un milione di cartelle cliniche e trarne informazioni utili in un ragionevole periodo di tempo. Nessun radiologo potrebbe analizzare radiografie con la rapidità e la precisione dei moderni mezzi, ma per questo nessun medico verrà sostituito e nessun radiologo verrà licenziato a causa di queste tecnologie; certamente però dovranno aggiornarsi per esempio approfondendo le capacità di dialogo con i pazienti. Il che non sarebbe poco.

BUONE VACANZE?

Durante le nostre ferie di agosto i ricercatori cinesi hanno probabilmente pubblicato 70 lavori sulla intelligenza artificiale, come la Germania in tutto il 2016. Il rischio di un AI-divide che separa l'Europa da Usa e Cina, le grandi aziende dalle piccole, certi settori dagli altri è forte. Ma forse è risolvibile con un poco di… intelligenza.

Nei primi anni di internet molti osservatori si lamentavano del 'digital divide' vale a dire del divario tra chi poteva accedere alle tecnologie informatiche, leggi internet, e chi ne era escluso, che fossero persone o nazioni.

Ora una analoga sindrome sta per nascere per quanto riguarda l'Artificial Intelligence solo che questa volta lo sviluppo del problema è più rapido e i confini sono meno banali. Passano infatti tra grandi e medio-piccole aziende, fra settori attenti al tema e settori che l'hanno ignorato e vedono i Paesi in via di Sviluppo, o almeno uno di questi non fra gli emarginati ma fra i protagonisti. In questo bel mese di agosto mentre ci si godeva le vacanze i ricercatori cinesi hanno sfornato probabilmente 70 studi sull'Intelligenza artificiale (nel 2015 ne avevano scritti 400, nel 2016 600 quindi una media di 70 al mese per l'anno in corso suona perfino conservativa).

La tecnologia è molto invasiva ed anche molto più difficile da capire e da applicare, per ora praticamente appannaggio di grandi investitori del mondo digitale come Google, Microsoft, Facebook, IBM, HP, Apple ed altri minori. In Cina il gioco di squadra fra grandi aziende, università e settore pubblico ha permesso di superare gli USA almeno come numero di pubblicazioni e di brevetti.

In realtà nulla impedisce all'Europa, o alla Svizzera o al Ticino (che ha una grande tradizione nel settore) di superare il 'divide'. L'importate è avere idee, competenze e la disponibilità di immense quantità di dati digitalizzati, lo sviluppo di computer sempre più veloci e l'universalità delle connessioni renda potente chi può utilizzarli in modo appropriato e rapido. Questo già avviene in molti settori quali quelli che richiedano le analisi dei dati personali per stabilirne le tendenze e molti altri rivolti al pubblico.

Il problema dell'AI-divide nasce per quei settori che si rivolgono ad ambiti più piccoli come quello dell'industria, delle Banche, della scuola, non tanto in termini economici, ma dove mancano soprattutto le risorse umane specializzate ed interdisciplinari che uniscano insieme competenze AI e le competenze del settore.

Il fatto positivo è che per affrontare il problema si sta impegnando l'AAAI (Association for the Advancement of Artificial Inelligence - http://www.aaai.org/) la cui missione è quella di diffondere la conoscenza e le competenze per l'impiego della AI al più vasto panorama possibile.

A questo fine stanno nascendo metodi che rendono più economico e più facile l'apprendimento delle tecnologie AI; in pratica l'AI insegna a sé stessa il miglior modo ed il più economico per estendere l'insegnamento di se stessa a molti.

Nella sua ultima pubblicazione datata Summer 2017, l'AAAI dedica 108 pagine all'argomento "AI Education for the World" (http://bit.ly/2sxLNBp) partendo dalla constatazione di come la formazione AI sia stata finora appannaggio di pochi e analizza come vari studi stiano convergendo al fine di modificare radicalmente alcuni aspetti della formazione di un argomento che, deve essere insegnato bene, presto e a molte persone.

La crescente domanda di competenze in AI in molte aree, dal commerciale alla finanza, dall'industriale al medicale, dal legale all'istituzionale, richiede un'integrazione dei diversi settori con questa nuova tecnologia.

Tutto questo genera non solo una maggiore esigenza di formazione ma anche nuovi e più vasti obiettivi di apprendimento. Ecco che per non correre il rischio di creare un "AI divide" la comunità di studiosi dell'intelligenza artificiale sta esplorando nuove tecniche pedagogiche con un uso innovativo di agenti tutoring intelligenti e lezioni video.

Corsi interdisciplinari e project based sono in aumento ed una recente indagine ha trovato che il 41% degli intervistati suggerisce varie aree come obiettivi dell'apprendimento con i nuovi metodi.

La sfida fondamentale che è affrontata è tenere impegnata gli studenti in corsi on- line con queste tecniche derivate dalla stessa AI e la pubblicazione dimostra come la sfida sia stata parzialmente affrontata e vinta.

In pratica si sono integrate le forme tradizionali di comunicazione con la versione ottimizzata online dei corsi in cui gli studenti sviluppano una comunità di apprendimento che interagisce migliorando la tecnica di apprendimento stessa.

Inoltre, la pubblicazione conferma che un vantaggio supplementare è che la versione online risulta efficace nell'estendere l'esperienza di AI in aula ad allievi non tradizionali, quali i tecnici impegnati in altre attività, ed a costi contenuti.

Incredibilmente queste tecniche sono già adottate in Inghilterra per l'insegnamento della matematica a bambini delle elementari, insegnamento che si auto ottimizza coinvolgendo gli scolari stessi grazie all'impiego di AI (http://bit.ly/2th6tuP).

Forse che questa volta si riesca ad evitare l'AI-divide in tempi ragionevoli?

DIAGNOSTICATI DAL COMPUTER

Le reti neurali imitano il funzionamento del cervello umano e sono in grado di apprendere dall'esperienza. Questo concetto chiamato 'deep learning' consente alla intelligenza artificiale di svolgere compiti che siamo portati ad associare a una estrema competenza come certe diagnosi mediche.

Occorrono, si dice, quasi dieci anni di studio, altrettanti di esperienza pratica per formare un buon medico specialista. Alcune attività però possono essere svolte altrettanto bene, se non meglio, da un software di intelligenza artificiale opportunamente addestrato. Per esempio, nella classificazione delle lesioni cutanee (è un semplice neo? È un pericoloso melanoma che richiede un immediato intervento? È il caso di fare un esame istologico per approfondire?) l'intelligenza artificiale bisserà il successo che ha ottenuto decenni fa con il gioco degli scacchi. Un recente articolo scientifico pubblicato su *Nature* (http://go.nature.com/2oYjNnS) sottolinea come le diagnosi 'via computer' possano ridurre i costi, abbattendo gli esami istologici con esito negativo.

Lo sviluppo di sistemi neurali artificiali in grado di auto programmarsi accedendo ad ampie banche dati permette di interpretare ed a riconoscere con estrema rapidità e precisione malattie in corso o incombenti, con una velocità e una precisione superiore a quella dei migliori esperti.

L'argomento è sviscerato in modo approfondito da un lungo articolo pubblicato in aprile dal The New Yorker (http://bit.ly/2oZdPjZ) in cui si riporta come adottando i più recenti sviluppi delle tecniche di Intelligenza artificiale e basandosi sulla capacità di algoritmi di auto apprendimento e quindi in grado di acquisire conoscenza mediante esperienza propria, sia ormai possibile la diagnosi di melanomi di vario tipo, ictus ed altre malattie fin dal loro inizio, prima ancora che possano essere individuata dall'occhio umano.

L'articolo sottolinea come queste tecniche rivoluzionarie non sostituiscano l'esperienza degli specialisti ma anzi l'amplifichino, accelerando la fase diagnostica e soprattutto rendendola universale e a basso costo. Sempre nel 2017 anche alla Stanford University nelle loro News (http://stanford.io/2jSaYY8) annunciano che "nella speranza di creare un migliore accesso alle cure mediche i ricercatori di Stanford hanno addestrato un algoritmo per la diagnosi del cancro della pelle".

Il possibile tumore della pelle affascina i ricercatori, prima di tutto perché nel suo trattamento è essenziale la velocità, poche settimane di ritardo nell'intervento possono compromettere la vita del paziente, ma soprattutto perché la prima diagnosi potrebbe essere effettuata semplicemente su una foto, magari scattata dal paziente stesso e inviata al computer. Un 'selfie' del neo insomma. Non si tratta quindi di offrire un servizio in più alle popolazioni già ottimamente servite quanto di 'democratizzare' le migliori capacità di diagnosi mettendole alla portata di quei 6 miliardi di persone che hanno o presto avranno uno smartphone.

Applicazioni simili sono allo studio per la diagnosi delle retinopatie partendo da una immagine del fondo oculare e per la gestione e prevenzione di altre patologie che richiedono periodici esami.

Ma cosa è questo deep learning che ha permesso alla Intelligenza artificiale di indossare il camice bianco e superare in alcuni specifici campi i migliori specialisti? E' quel campo di ricerca dell'apprendimento automatico e dell'intelligenza artificiale che utilizza reti neurali (http://bit.ly/2nydTu6).

Semplificando, le reti neurali artificiali imitano la struttura del cervello umano mediante la creazione di neuroni artificiali che si collegano tra loro a diversi livelli mediante sinapsi artificiali.

Un programma realizzato con queste nuove tecniche è in grado di modificare la sua struttura in funzione dei dati che gli arrivano dall'esterno in modo molto simile a quanto avviene nel nostro cervello con i vari neuroni e le sinapsi che li collegano.

Grazie a queste tecniche si sono sviluppati sistemi che apprendono dalla realtà con cui vengono messe a contatto, esattamente come un bambino che acquista, crescendo, conoscenza del mondo che lo circonda.

È' con reti neurali che oggi si riescono a produrre auto in grado di percorrere strade senza intervento dell'autista. Questi software hanno imparato esattamente come chi impara a guidare alla scuola guida e, come i veri autisti, anche loro qualche volta creano incidenti … ma miglioreranno col tempo.

Anche le traduzioni tra le lingue hanno ormai raggiunto una certa precisione utilizzando programmi di autoapprendimento. Abbiamo già 'poliziotti elettronici' che dalle telecamere osservano la folla e 'riconoscono' le persone sospette meglio di come farebbe un agente. Sono programmi che ormai pervadono ogni campo dell'attività umana e operano senza stancarsi, in modo costante e senza chiedere ferie né aumenti di stipendio, né pagare contributi. Forse però, se la proposta di Bill Gates andrà in porto, pagheranno le tasse. Il che li renderà ancora più umani.

E' chiaro che l'intelligenza artificiale sostituisce degnamente il medico specialista solo quando si tratta di compiti molto specifici e ripetitivi. Nel 90% delle attività potrà solo supportarlo. Dico questo per evitare di recarmi al pronto soccorso, qualcuno mi riconosca e dica, "Ah lei è quello che scrive su Ticino Management! Si sieda ingegnere e attenda che costruiscano il computer che potrà curarla"!

CANTON TICINO … APRITE AD AI

Che il Canton Ticino possa diventare l'ombelico del mondo per l'Intelligenza Artificiale non è proprio una idea impossibile. La proposta potrebbe sembrare ardita, ma diversi fatti e coincidenze mi dicono che potrebbe essere un progetto non solo possibile, ma auspicabile.

Partiamo con un po' di storia. Si deve sapere che tutto quanto riguarda l'AI nasce al Dartmouth College (New Hampshire) nel

1956, quando 5 scienziati ebbero la bella idea di proporre di riunire per 2 mesi in quel college le migliori menti, nell'ambito delle attività informatiche, per tracciarne i probabili eventi futuri e proporre una serie di documenti che ne coprissero tutti gli aspetti (http://bit.ly/2mCp6rQ).In quell'occasione fu coniato il termine "Artificial Intelligence" e le interessanti conclusioni furono inserite in un documento molto interessante e perfettamente predittivo.

Passarono 50 anni con alti e bassi in quella materia e nel 2006 si decise di rincontrarsi nello stesso college, questa volta con ben 170 tecnici e scienziati oltre a 4 dei cinque fondatori del primo convegno.

Come logico quest'ultimo incontro ha visto la partecipazione anche di molti personaggi appartenenti ad aziende che nemmeno esistevano 50 anni prima, come Google, Microsoft, ecc. ed i risultati di questa nuova convention rappresentano ancora oggi quanto di meglio si potesse sapere e prevedere sull'AI. Tra l'altro nella riunione si è programmata già la prossima, nel 2056 … per quelli che ancora ci saranno …

Ed è a questo punto che si affaccia prepotentemente il Canton Ticino. Proprio negli stessi giorni (9-14 luglio 2006) in cui si svolgeva il convegno del cinquantesimo al College Dartmuth, presso il Centro Stefano Franscini, Monte Verità, Ascona, si svolgeva un altro non meno importante convegno in occasione del cinquantesimo anniversario dell'AI (http://bit.ly/2n7aIWh).

Questo convegno mise insieme un cospicuo numero di personalità del settore e fu organizzato dall'allora professore di computer science all' ETH di Zurigo Rolf Pfeifer e dal Prof. Max Lungarella e vi intervennero anche il MIT e l'Università del Vermont.

Nell'incontro si è sviluppata una discussione sulla storia, sugli affari, sulla politica, sulle prospettive educative dell'AI e molto altro. Come alla contemporanea riunione di Dartmouth, si è dedicato molto tempo ad individuare le linee guida per il futuro partendo dai contributi di ricercatori provenienti da settori molto diversi, ma convergenti nell'AI. Inoltre, nella piacevole atmosfera di Ascona, i migliori scienziati del settore si sono scambiati documenti che hanno riguardato una vasta casistica storica e scientifica. Tra gli sponsor di questa convention vi furono anche Swisscom e Migros ed i 34 proceeding, molti dei quali ancora attuali, furono pubblicati in un poderoso volume intitolato "50 Years of Artificial Intelligence" (http://bit.ly/2mmzL9p).

Mi è difficile capire il perché fu decisa questa pietra miliare proprio ad Ascona nel Canton Ticino … forse perché il posto è stupendo e piacevole … il che farebbe il paio con la Silicon Valley, scelta dal Dr. William Shockley, Nobel per l'invenzione del transistor, che nel 1956 scelse quella valle per fondare la sua azienda, essenzialmente per il bel tempo e la piacevole atmosfera e non per altre motivazioni, come molti pensano.

Comunque, caso, interessi o altro, lo strano è che proprio nel Canton Ticino precedentemente un filantropico ed illuminato italiano dal nome Angelo Dalle Molle fondava nel 1988 un istituto dedicato alla ricerca scientifica ed anche all'Intelligenza Artificiale (IDSIA), istituto che oggi si è esteso con altre entità in Martigny (IDIAP) e ISSC (in Ginevra).Detto quanto sopra viene da chiedersi: chissà se si può fare del Canton Ticino una "Intelligent Valley"? … e far concorrenza alla più famosa Silicon Valley?

Tornando alla IDSIA, mi risulta che collabori attivamente con Supsi e USI e che diversi ricercatori vi stiano portando avanti argomenti come Deep Learning, Pattern Recognition ed altre attività di cui furono gettate le basi 67 anni fa e se ne è poi trattato ad Ascona ma il tutto non mi pare molto noto.

Dato lo sviluppo esponenziale dell'AI, la sua rapidissima industrializzazione e la sua pervasiva presenza nell'industria, il Canton Ticino non può certo perdere un'occasione così ghiotta per la sua storia nel settore e quindi porsi in una posizione di traino e concorrenza con la Silicon Valley.

Affermo questo anche per una mia recente esperienza con i diplomandi della Scuola Superiore di Economia ed Informatica di Bellinzona dove, in una mia conferenza (http://bit.ly/2mSnHuS) dedicata al loro inserimento nel mondo aziendale, ho accennato al loro futuro in un mondo del lavoro che sta cambiando con una velocità mai vista ed alla necessità che si interessino a nuovi lavori mai esisti prima. Ho quindi accennato proprio all'AI come moderno capitolo dell'informatica e mi sono sembrati estremamente interessati, ma non a conoscenza di quanto potrebbero fare a pochi chilometri da casa loro … senza sognare Palo Alto o, in generale, la Silicon Valley.

LE VACANZE DELL'INTELLIGENZA

Fioriscono gli incontri dedicati a chi vorrebbe sapere tutto e di più sulla intelligenza artificiale, ma forse è meglio prima riflettere sulle proprie esigenze e capire se e come l'IA potrebbe essere di aiuto nel proprio business.

Era molto sofisticato nell'Italia degli anni Settanta, fare o raccontare di aver fatto delle vacanze 'intelligenti', evitando mare e montagna e cercando festival, abbazie, musei sconosciuti e altro. Con l'autunno iniziano le vacanze dell'intelligenza (artificiale). Chi lo desidera potrebbe seguire ogni singola settimana da qui a Natale almeno due incontri, convegni, conferenze, e summit sul tema. Ho fatto una semplice ricerca sulle prossime conferenze di IA e ne ho contate oltre 100 nei prossimi mesi. Non si tratta di conferenze gratuite o riunioni aziendali, sono tutte molte costose per parteciparvi e mi sono chiesto se le conferenze non siano il primo vero business nel campo dell'IA.

Nell'immagine ne ho riportate una ventina sparse nel mondo a puro titolo d'esempio, ma chiunque può divertirsi a dare un'occhiata su

Internet e magari partecipare a quella che gli interessa … sempre che riesca a capire quale valga il tempo e il costo.

La parola chiave in molti incontri è "singolarità" nello sviluppo tecnologico, intendendo con questo termine una discontinuità col passato, quanto sta accadendo con l'IA pare proprio che abbia a che fare con qualche tipo di singolarità, Certo che la caratteristica della singolarità è l'impossibilità di prevederla: si tratta infatti di un processo le cui conseguenze non possono essere desunte dalle premesse. Un convegno sulle Singolarità è quindi... singolarmente auto-contradditorio-.

Tornati da queste conferenze i partecipanti sono ovviamente portati a investire nel settore, acquistando software, lanciando progetti o comprando start up del settore. I grafici indicano un'impennata dall'anno scorso in termini di investimenti, di nuove aziende, di settori che se ne stanno occupando e di startup acquisite dai grandi player.

Il fatto è che chi appartiene ad altri mondi come i banchieri, i costruttori e, perché no, i comuni mortali che di questa materia possono essere al massimo degli utilizzatori farà fatica a capire cosa stia succedendo. Sicuramente NON si sta sostituendo la nostra capacità intellettiva con qualcosa di artificiale. In compenso si sta potenziando la capacità delle 'macchine' di imparare dall'esperienza, capacità che – a volte un po' impropriamente – è attribuita alle persone. Il machine learning non è altro che questo ed è l'argomento centrale di quasi tutte le numerose conferenze che si svolgono nel mondo.

Con i loro algoritmi le macchine imparano da enormi basi di dati (Big Data) e da questi rilevano schemi applicando regole conosciute o scoprendole e quindi sono in grado di categorizzare cose e persone, di predire risultati probabili basandoli su modelli identificati; possono identificare modelli sconosciuti e rilevare comportamenti anomali o imprevisti. Il machine learning" può affiancarci per scoprire quanto sta sepolto in una marea di dati (Big Dati), trovarne le correlazioni e porci opzioni tra le quali noi, con la nostra intelligenza ed esperienza, dovremo poi scegliere.

Il machine learning non è concettualmente una novità, ma è resa utile dalla disponibilità di grandi potenze di calcolo che pescano tra enormi quantità di dati ma le macchine non sono "pensatori indipendenti", noi che ne usufruiamo lo siamo! Questo non va mai dimenticato!

Oggi il "machine learning" con le sue varie gradazioni di "apprendimento autonomo", "apprendimento rafforzato" e "apprendimento profondo" rappresenta più del 50% dell'IA ed è l'argomento più interessante per le applicazioni industriali e di progettazione.

Nel deep learning oggi si utilizzano reti neurali estremamente sofisticate ed i modelli generati sono più complessi e profondi rispetto al passato grazie anche all'utilizzo di grandi quantità di dati che la potenza di calcolo dei computer permette di gestire.

Importante comprendere che l'apprendimento automatico deve essere visto come un supplemento e non come una sostituzione dei metodi analitici tradizionali ed in questo senso devono muoversi gli utilizzatori con la loro esperienza.

Non facile districarsi in questo mare magnum per i non addetti ai lavori, per cui l'utilizzatore, azienda o istituzione, farebbe bene a soffermarsi sulle analogie e cercare di copiare da altri utilizzatori, senza perdendo tempo per capire i complicati schemi degli esperti.

UMANITÀ 2.0

Non ho mai creduto alle capacità divinatorie dell'uomo. Quando leggo quale sarà la temperatura della Terra nell'anno 2100 o con quanto si andrà in pensione nel 2050 mi viene da ridere… o da scrivere anche io le mie previsioni.

Intendo descrivere le mie previsioni sul futuro. Imitando Hari Seldon, il protagonista del ciclo di romanzi di Asimov, descriverò in queste poche righe cosa succederà all'umanità non fra cento anni, non fra mille anni ma fra sessanta milioni di anni. Sissignori, la mia super mente ha già visto tutto nel lontanissimo futuro ed ora posso descriverlo e voglio proprio vedere chi sarà in grado di contestarlo.

Cominciamo con la fine della umanità 1.0, la nostra per intenderci, che accadrà nell'anno 2437. In quell'anno una gigantesca supernova esplosa a soli 12.000 anni luce dal nostro sistema solare distruggerà con le sue radiazioni tutta la vita nell'intero sistema solare, o quasi.

Solo piccoli scarafaggi sopravvivranno e da lì un nuovo ciclo vitale sulla Terra avrà inizio. Ne conosco tutti i dettagli, ma dato il poco spazio che ho per scrivere, mi limito a quanto la natura impiegherà a tirar fuori un essere intelligente da quello scatafascio.

Ci impiegherà circa sessanta milioni di anni, un lasso di tempo che per noi umani di oggi può sembrare enorme, ma che per la natura è una minuscola frazione del suo tempo.

Come saranno questi futuri non nostri discendenti? "Natura non facit saltus", per cui le differenze si limiteranno essenzialmente alla struttura fisica ma, l'intelligenza, quella capacità di elaborare informazioni derivanti dalle abilità sensoriali, seppure molto più avanzata della nostra, non si discosterà dai nostri meccanismi più profondi.

Anche l'umanità 2.0 avrà percorso uno sviluppo storico passando da periodi primitivi a civiltà avanzate che nel millennio 61.351.000 avrà raggiunto capacità intellettive paragonabili alle nostre se avessimo potuto esistere per almeno mille anni di più prima di essere distrutti.

A quel punto la nostra Terra, anzi il nostro sistema solare, anzi l'intera nostra galassia si saranno modificati. I continenti sulla Terra si saranno riuniti in una nuova Pangea, la Luna si sarà allontanata di un terzo della sua distanza attuale, il giorno sulla Terra sarà di 28 ore e tutto il sistema solare avrà modificato la sua configurazione, oltre che aver compiuto un quarto di giro nella galassia e quindi con un cielo notturno totalmente diverso da quello che vediamo oggi.

Ma su questa nuova umanità 2.0 cosa posso con assoluta certezza predire: sarà molto più piccola ma con un grosso cervellone ed un paio di sensi in più: capacità di comunicare a grande distanza e capacità di calcolo paragonabile ad un computer quantistico di oggi da mille qubit.

Con tutte quelle risorse intellettuali avrà raggiunto livelli di civiltà da consentir loro di dominare l'ambiente, compresa mezza galassia, di vivere senza guerre, di allungare la loro esistenza dai cento anni iniziali ai mille anni medi e di disporre di tecnologie per viaggiare in lungo ed in largo nello spazio.

Chi mi legge dirà: "Bello, facile e piacevole prevedere, o meglio, pensare che ci sia un paradiso futuro per qualcuno. Questo è un bel sogno e non si capirebbe perché farne un testo, anche così breve?".

E qui sta il punto, perché questa magnifica civiltà creatasi dopo sessanta milioni di anni, che ha raggiunto la capacità di controllare lo spazio intorno a se e prevederne catastrofi, supernove e quant'altro la natura può recar loro d'anno ed inoltre pur avendo la capacità di prevedere tutto, anzi quasi tutto, avranno quella sorpresa che non potevano in nessun modo prevedere.

I loro super sistemi di calcolo probabilistico con accesso addirittura ad informazioni sul movimento dei singoli atomi di mezza galassia, la loro ormai totale conoscenza di come la natura opera nel più profondo dell'immensamente piccolo, non avrà previsto un evento che cambierà in modo definitivo il corso della loro esistenza.

La loro millenaria tranquillità e matematica certezza che nulla nel futuro potesse succedere senza che gli strumenti a loro disposizione potessero prevederla e prevenirla, potrebbe diventare l'inizio di un terzo ciclo della natura sulla Terra o, comunque, correre quel rischio.

Si perché quei cervelloni, nonostante la loro esistenza dopo sessanta milioni dalla nostra scomparsa, conoscevano bene la nostra storia.

Non tanto per averla letta sulla Terra, i sessanta milioni e gli eventi ambientali avevano distrutto tutte le nostre vestigia. Ma nell'anno 2437, quello della nostra estinzione, anche noi eravamo giunti ad un livello di civiltà paragonabile al loro, se non ancora uguale ed avevamo disseminato il sistema solare di nostre impronte.

La nostra Luna e quelle di Marte erano piene di nostri dati rimasti inalterati da milioni di anni. Sapevano tutto ma proprio tutto, o quasi.

Quello che non sapevano sta nel fatto che una flotta di astronavi con a bordo un gruppo di umanità 1.0 erano scampate dalla distruzione e, data la loro elevata tecnologia e la capacità raggiunta di mantenersi in uno stato di vita sospesa per milioni di anni, in quei sessanta milioni di anni erano arrivate dall'altra parte della galassia, quasi al preciso momento in cui iniziavano a civilizzarsi gli umani 2.0 e lì, conquistato un nuovo ed ospitale sistema solare, sono cresciuti, si sono sviluppati ed hanno creato sistemi d'arma e nuove astronavi che di lì a poco impiegheranno per conquistare la galassia, scontrandosi con l'umanità 2.0, non preparata alla guerra come l'umanità 1.0 e che nella prima fase le prenderà di santa ragione.

Ora sfido gli esperti di intelligenza artificiali, di simulazione a computer della natura e persino i più noti maghi a confutare ciò che qui ho descritto.

GRANDI SCIENZIATI PER DATA DI NASCITA

Queste sono le grandi personalità a cui tutti noi dobbiamo molto per quello che oggi e nel future l'Intelligenza Artificiale produrrà per il nostro benessere.

Gottfried Wilhelm von Leibniz (1646 - 1716)

Charles Babbage (1791 - 1871)

Ada Lovelace (1815 – 1852)

George boole (1815 – 1864)

Arthur Samuel (1901 – 1990)

John von Neumann (1903 – 1957)

Angelo Dalle Molle (1908 – 2002)

Claude Shannon (1916 – 2001)

Alan Turing (1912 – 1954)

Herbert A. Simon (1916 – 2001)

Nathaniel Rochester (1919 – 2001)

Kenneth E. Iverson (1920 – 2004)

Alan J. Perlis (1922 – 1990)

Marvin Minsky (1927 – 2016)

John McCarthy (1927 – 2011)

Allen Newelle (1927 – 1992)

Edsger Dijkstra (1930 – 2002)

William (Velvel) Kahan (1933)

Silvio Micali (1954)

Tim Berners-Lee (1955)

Gottfried Wilhelm von Leibniz (1646 - 1716)

Nasce il primo luglio 1646 a Lipsia e muore il 14 novembre 1716 ad Hannover. Grande matematico e filosofo viene considerato il precursore dell'informatica e del calcolo automatico: creò per primo una macchina per il calcolo che ha preso il suo nome. Come Leonardo da Vinci anche Leibniz è considerato un genio universale avendo affrontato gran parte delle discipline allora studiate.
Si iscrisse a filosofia all'università di Lipsia nel 1661 e nel 1663 passò all'università di Jena per seguire matematica e astronomia. Dal 1700 fu il primo presidente dell'Accademia Reale Prussiana, fondatore dell'Accademia di Dresda e la Società Brandeburghese delle scienze. Un'analisi storica di questo grande pensatore richiederebbe lo spazio di una enciclopedia, riassumendo:

Calcolatrice meccanica per moltiplicazioni e divisioni.
Calcolatrice basata sul sistema binario (1 e 0) da lui inventati.
Con Newton inventò il calcolo differenziale
Introdusse la matematica dei limiti.
Concetto metafisico della "Monadologia" che esclude causa-effetto.
Filosofia del "Principio di ragion sufficiente".
Scrisse "Piano di creazione di una società delle arti e delle scienze".
Spiegò "Utopia" come limite irraggiungibile ma a cui aspirare.
Tra i suoi innumerevoli scritti troviamo fondamentali contributi alle scienze come:
Dissertatio de Arte Combinatoria (1666)
Hypothesis Physica Nova (1671)
De summa rerum (1675-1676)
Specimen calculi universalis (1679)
Nova Methodus pro maximis et minimis (1684)
Brevis demonstratio erroris memorabilis Cartesii (1686)
Principia Logico-Metaphysica [Primae veritates] (1689)
Explication de l'Arithmétique Binaire
Monadologie (1714)
Si può a buon diritto annoverare Leibniz come precursore della moderna AI e, con questa, dell'informatica.

Charles Babbage (1791 - 1871)

Nasce il 26 dicembre 1791 a Londra e muore il 18 ottobre 1871 a Londra. E' diventato famoso per essere stato il primo ad aver concepito il primo computer digitale. La sua base scientifica era la matematica di cui era un profondo conoscitore.

Nel 1812 collaborò alla fondazione dell'Analytical Society il cui scopo era di migliorare la conoscenza della matematica con rapporti più stretti con gli sviluppi della materia nel continente. Nel 1816 fu eletto membro della Royal Society of London e fu determinante nella fondazione delle società Royal Astronomical e Royal Statistical.

Già dal 1812 ebbe l'dea che la compilazione di lunghe tabelle matematiche potesse effettuarsi mediante la realizzazione di strutture meccaniche che le eseguissero automaticamente. Iniziò realizzando una piccola calcolatrice che in grado di eseguire calcoli con otto decimali e nel 1823 riuscì a farsi finanziare dal governo per il progettare una macchina che chiamò "Motore Differenzia" con una capacità di 20 decimali. La sua costruzione richiese lo sviluppo di tecniche di ingegneria meccanica nuove ed a cui si dedicò con grande dispendio di energie mentre era professore di matematica presso l'Università di Cambridge. Nel 1830 ideò un nuovo progetto per la realizza zio di un "Analytical Engine" precursore del moderno computer digitale. In quel progetto immaginava di eseguire qualsiasi operazione aritmetica sulla base di istruzioni scritte su schede perforate, un'unità di memoria in cui memorizzare i numeri, un controllo sequenziale e la maggior parte degli altri elementi di base dei computer attuali. Nel 1843 la matematica, Ada Lovelace, sua amica, tradusse un articolo dell'italiano Luigi Federico Menabrea sul motore analitico e, nelle sue annotazioni, pubblicò come poteva eseguire una sequenza di calcoli, praticamente il primo programma per computer. Il motore analitico non fu mai completato e fu dimenticato fino al 1991 quando alcuni scienziati lo costruirono per calcoli a 31 cifre secondo le specifiche di Babbage e nel 2000 ne fu anche costruita la stampante per il motore di Difference.

Ada Lovelace (1815 - 1852)

Nome originale Augusta Ada Byron, Lady Byron, nasce il 10 dicembre 1815 a Piccadilly Terrace, Middlesex (Londra) e muore il 27 novembre 1852 a Marylebone, Londra. Viene ricordata per aver creato il primo programma per il prototipo di computer digitale pensato da Charles Babbage e per questo la si considera il primo programmatore di computer al mondo. Figlia del famoso poeta Lord Byron e Annabella Milbanke Byron, fù educata privatamente da tutor e poi autodidatta. Nei suoi studi avanzati ha collaborato col grande matematico e logico Augustus De Morgan, primo professore di matematica presso l'Università di Londra. Divenne contessa di Lovelace, nome con cui viene ricordata, quando nel 1838 quando il marito William King fu nominato conte di Lovelace.

Fu collaboratrice e ammiratrice di Babbage la cui macchina di calcolo la impressionò a tal punto da dedicarci la sua vita per completarla con quello che oggi chiameremmo software. Nel 1843 tradusse in inglese un articolo del matematico e ingegnere italiano Luigi Federico Menabrea, pubblicato in Inghilterra col titolo "Elements di Charles Babbage's Analytical Machine". Corredò la traduzione con sue note compresa la descrizione di come il motore analitico proposto da Babbage potesse essere programmato per calcolare i numeri di Bernoulli. Tra l'altro nelle note affermò che "Il motore analitico utilizza schemi algebrici, proprio come il telaio Jacquard tesse fiori e foglie".

Babbage poi costruì solo una piccola parte del motore analitico, ma gli sforzi di analisi della Lovelace sono ricordati ancora oggi. Il primo linguaggio di programmazione fu chiamato in suo onore ADA. Inoltre, il secondo martedì di ottobre viene dichiarato "Ada Lovelace Day" in sua memoria e per tutti i contributi delle donne alla scienza, alla tecnologia, all' ingegneria e e alla matematica.

George Boole (1815 - 1864)

Nasce il 2 novembre 1815 a Lincoln nel Lincolnshire, Inghilterra e muore l'8 dicembre 1864 a Ballintemple, County Cork, Irlanda. Grande matematico contribuì a creare la moderna logica simbolica e l'algebra booleana che da lui prese il nome spostando la logica dal campo filosofico al campo matematico.

La matematica booleana dal secolo scorso è alla base della progettazione di circuiti elettronici per computer digitali.

Da autodidatta ha cominciato ad insegnare matematica dall'età di 16 anni e da quel momento ha scalato posizioni importanti nel mondo accademico presentando documenti originali al Cambridge Mathematical Journal, come le sue "Ricerche sulla teoria delle trasformazioni analitiche". Nel 1844, in un importante articolo sulle Transazioni filosofiche discusse su come combinare metodi di algebra e calcolo alla Royal Society per la quale ottenne la prima medaglia d'oro.

Pubblicò nel 1847 "Analisi matematica della logica", in cui sosteneva come la logica dovesse allearsi con la matematica. Nel 1849 fu nominato professore di matematica al Queen's College dove pubblicò "An Investigation into the Laws of Thought"sulla logica e sulle probabilità. Tra i primi a scrivere sulla logica sottolineò l'analogia tra i simboli algebrici e quelli che possono rappresentare forme logiche e sillogismi. Nel 1854, grazie a lui, iniziò l'algebra della logica o algebra booleana.

Nel suo testo "Laws of Thought" (1854), ancora oggi attuale per il suo contenuto estendibile al mondo dell'informatica e dell'intelligenza artificiale descrive come, date le proposizioni che implicano un numero qualsiasi di termini, di trarrne conclusioni che sono logicamente contenute nelle premesse. Nel 1857 Boole fu eletto membro della Royal Society.

Arthur Samuel (1901 - 1990)

Nasce il 5 dicembre 1901 a Emporia, Kansas e muore il 29 luglio 1990. Pioniere nel campo dei giochi per computer e dell'intelligenza artificiale e creatore del termine "Machine Learning".

Realizzatore del Samuel Checkers-playing primo programma di autoapprendimento di grande successo al mondo ed esempio precoce di applicazione dell'intelligenza artificiale.

Conseguì un master in ingegneria elettrotecnica presso il MIT nel 1926 dove per due anni ne è stato anche insegnante.

Nel 1928 si dedicò al miglioramento dei tubi a vuoto per impieghi militari alla i Bell e sui Radar durante la Seconda Guerra Mondiale.

All'IBM nel 1949 presso Poughkeepsie, New York, sia applica allo sviluppo del software e sull'uso dei transistor nei computer. Realizza il primo programma commerciale per l'IBM 701 che ne ha rappresentato un eccezionale successo commerciale per IBM.

La sua metodologia di programmazione non numerica ha contribuito a realizzare il set di istruzioni dei processori. Con i suoi articoli ha reso comprensibili materie complesse e nel 1953 scrisse l'introduzione a una delle prime riviste di computer.

E' noto all'interno della comunità dedita all'intelligenza artificiale per il suo lavoro sull'apprendimento automatico che ha utilizzato per insegnare a giocare ai computer che consentivano lo sviluppo di tattiche adatte a problemi generali.

Data la poca memoria disponibile allora nei computer implementò quella che oggi viene chiamata "alpha-beta-pruning". con questa funzione ha aumentato le possibilità di vincere basando la partita a scacchi su una strategia minimax.

Il sistema operava un "apprendimento meccanico" in cui il programma ricordava ogni posizione già vista e questa tecnica ha consentito a programmi successivi a rivalutare la funzione di "ricompensa" in base all'input dei giochi professionali.

Nel 1966, si ritirò dall'IBM e divenne professore a Stanford, dove lavorò per il resto della sua vita.

John von Neumann (1903 - 1957)

Nasce a Budapest il 28 dicembre 1903 e muore l' 8 febbraio 1957 a Bethesda. Uno dei più grandi matematici della storia moderna a cui si devono contributi fondamentali in numerosi campi come la teoria degli insiemi, analisi funzionale, topologia, fisica quantistica, economia, informatica, teoria dei giochi, fluidodinamica e in molti altri settori della matematica. Nel 1911 entrò nel Ginnasio Luterano dove ebbe come maestri matematici di grande rilievo come László Rátz e Mihaly Fekete. Al termine della prima guerra mondiale, i von Neumann come ebrei subirono la persecuzione. A18 anni, al termine della sua educazione presso la scuola luterana, scrisse il suo primo lavoro pubblicato nel 1922 sulla rivista dell'Unione dei matematici tedeschi.

A ventidue anni si laureò in ingegneria chimica presso il Politecnico di Zurigo e in matematica a Budapest, dopo aver seguito i corsi di Fritz Haber e di Albert Einstein a Berlino.

Si trasferì a Gottinga, dove si occupò dei fondamenti della matematica e della meccanica quantistica, che studiò sotto la supervisione di David Hilbert. Si fece portabandiera dell'approccio assiomatico della matematica mirante a creare una teoria per dimostrare la coerenza di qualsiasi sistema formale.

Il teorema di incompletezza di Kurt Gödel distrusse quella teoria e Neumann ne assunse le conseguenze provando l'indimostrabilità della coerenza dell'aritmetica. Tra il 1930 e il 1933 fu uno dei sei primi professori di matematica dell'Institute for Advanced Study a Princeton.

Con l'arrivo dei nazisti al potere, emigrò negli Stati Uniti dove divenne professore a Princeton fino alla morte. Si interessò. Nel 1944 scrisse "Theory of Games and Economic Behavior, ove espose la teoria dei giochi studi più tardi proseguiti da Shannon.

I suoi contributi furono determinanti soprattutto nella cibernetica con la sua architettura dei computer che ha preso il suo nome.

Angelo Dalle Molle (1908 - 2002)

Nasce a Venezia nel 1908 e muore a 93 anni nel 2001 ed è ricordato come brillante imprenditore che ha compreso l'importanza della tecnologia per lo sviluppo dell'umanità.

Il suo contributo all'argomento che trattiamo non è di tipo scientifico, ma ha un grande valore per la sua lungimiranza avendo precorso i tempi di decenni rispetto ad altri industriali che sull'intelligenza artificiali si sono svegliati solo in questo millennio.

Dopo aver realizzato in Italia nel 1952 una tra le più importanti industrie di liquori basando il prodotto sull'estratto di carciofi, denominato Cynar e famoso per il messaggio "l'amaro contro il logorio della vita moderna".

Si è interessato al nascente mondo dell'informatica ed in particolare dell'appena nata Intelligenza Artificiale e questa sua passione lo ha portato nel 1988 a fondare a Lugano nel Canton Ticino l'Istituto Dalle Molle (IDSIA).

Grazie a questa generosa iniziativa e per volontà dello stesso Dalle Molle l'istituto da subito si è interessato di argomenti molto avanzati nell'area dell'informatica come l'interpretazione del linguaggio naturale e la traduzione automatica, argomenti oggi di punta della moderna intelligenza artificiale.

Quasi inconsapevolmente Dalle Molle, con la sua iniziativa, ha dato inizio ad un polo sicuramente avveniristico e degno di essere citato nell'universo dell'informatica avanzata oggi concentrata in tutto il mondo sotto l'appellativo di "Artificial Intelligence".

L'istituto che oggi continua a riportare il nome del suo mecenate fondatore è diventato un rispettato polo internazionale per lo sviluppo di un tema fondamentale della rivoluzione digitale in atto.

Claude Shannon (1916 – 2001)

Nasce il 30 aprile 1916 a Petoskey, nel Michigan e muore il 24 febbraio 2001. Considerato padre della teoria dell'informazione grazie al suo documento intitolato "A Mathematical Theory of Communication" pubblicato nel 1948.

Famoso anche per aver scritto la tesi di laurea al Massachusetts Institute of Technology sull'applicazione dell'algebra booleana per realizzare relazioni logiche in circuiti elettrici, base della progettazione teorica dei moderni computer elettronici in cui si utilizza la proprietà di interruttori elettrici per implementare la logica (1 e 0) che sta alla base di tutti i calcolatori elettronici digitali.

Nel 1940 ottiene il dottorato al MIT nel 1940 con la tesi denominata "An Algebra for Theoretical Genetics". Ricercatore presso l'Institute for Advanced Study di Princeton ha collaborato con Hermann Weyl e John von Neumann, e ha avuto anche incontri con Albert Einstein e Kurt Gödel. Si interessò alle invenzioni tra cui un computer per numeri romani chiamato THROBAC, una macchina per giocoliere e una tromba come lancia fiamme.

Ha progettato il Minivac 601, un istruttore elettronico per insegnare agli uomini d'affari come funzionano i computer e venduto dalla Scientific Development Corp a partire dal 1961.

Co-inventore con Edward O. Thorp del primo computer indossabile utilizzato per migliorare le probabilità quando si gioca alla roulette.

A causa del morbo di Alzheimer ebbe un declino che lo portò alla morte il febbraio 2001 all'età di 85 anni.

E' stata una figura di grande rilievo e sue statue commemorative si trovano all'Università del Michigan, al MIT nel laboratorio di informatica, a Gaylord nel Michigan, all'Università della California, a San Diego, ai Bell Labs e alla AT & T nei Shannon Labs. Il 30 aprile 2016 è stata premiato con un Google Doodle per celebrare il suo centenario dalla nascita.

Alan Turing (1912 - 1954)

Nasce a Londra il 23 giugno 1912. Turing diede segno della genialità fin dall'infanzia. che negli anni futuri lo avrebbe reso famoso in tutto il mondo.

Nel 1931 entrò al King's College dell'Università di Cambridge dove approfondì i suoi studi sulla meccanica quantistica, la logica e la teoria della probabilità.

Nel 1934 si laureò con il massimo dei voti e nel 1936 vinse il premio Smith in Fisica. Si trasferì alla Princeton University in USA dove studiò per due anni, ottenendo un Ph. D. e dove pubblicò l'articolo "On computable Numbers" nel quale descriveva per la prima volta quella che diventerà la macchina di Turing.

Durante la seconda guerra mondiale, decifrò i codici usati nelle comunicazioni tedesche criptate con il sistema Enigma. Nel 1942 fu sul concetto di "macchina di Turing" che il matematico di Bletchley Park, Max Newman, progettò una macchina chiamata Colossus (antesignana dei computer).

Al termine della guerra Turing partecipò al National Physical Laboratory di Teddington, vicino a Londra, per progettare un nuovo modello di computer. si interessò di neurologia e fisiologia, iniziando ad esplorare la relazione tra computer e natura. Nel 1950, sulla rivista Mind, scrisse un articolo dal titolo Computing machinery and intelligence, in cui descriveva quello che sarebbe divenuto noto come il test di Turing.

Il 31 marzo 1952 Alan Turing fu arrestato per omosessualità e condannato per omosessualità. Costretto alla castrazione chimica, si suicidò il 7 giugno 1954.

Herbert A. Simon (1916 - 2001)

Nasce il 15 giugno 1916 a Milwaukee, Wisconsin e morto il 9 febbraio a Pittsburgh, Pennsylvania. E' noto per i suoi contributi in numerosi campi, tra cui la psicologia, la matematica, la statistica e la ricerca operativa. Nel 1978 gli è stato assegnato il premio Nobel per l'economia per il suo collabto ad una innovativa teoria. Assieme ad Allen Newell vinse il premio Turing, il più alto riconoscimento in informatica, per i loro "contributi di base all'intelligenza artificiale, alla psicologia cognitiva e alla l'elaborazione delle liste.

Laureatosi all'Università di Chicago nel 1936 conseguì poi un dottorato in scienze politiche nel 1943. Dopo aver ricoperto vari incarichi in scienze politiche, divenne professore di amministrazione e psicologia al Carnegie Institute of Technology (ora Carnegie Mellon University) nel 1949, in seguito divenne professore di Computer Science e Psychology alla Richard King Mellon University.

È noto soprattutto per il suo lavoro sulla teoria del "Decision Making" aziendale noto come "comportamentalismo". Nel suo libro "Administrative Behavior" del 1947 sostituì alll'approccio classico estremamente semplificato della modellazione economica basata sul concetto della singola decisione imprenditoriale che massimizza il profitto, con un approccio che riconosce molteplici fattori che contribuiscono al processo decisionale. Secondo Simon, questa struttura teorica fornisce una comprensione più realistica di un mondo in cui il processo decisionale può influenzare prezzi e risultati. Fondamentale per questa teoria è il concetto di comportamento "soddisfacente" per raggiungere obiettivi economici accettabili riducendo al minimo le complicazioni ed i rischi. Offre così un modo per considerare aspetti psicologici del processo decisionale fino ad allora ignorati.

Ha anche sfruttato la tecnologia informatica per sviluppare l'intelligenza artificiale.

Nathaniel Rochester (1919 - 2001)

Nasce a Buffalo (NY) il 14 gennaio 1919 e muore a Newport l'8 giugno 2001. Grande informatico, ha iniziato a lavorare per IBM nel 1948 dove ha progettato l'IBM 701, primo computer commerciale della storia che utilizzava il primo linguaggio assembly simbolico. È considerato far parte del gruppo pioneristico dell'intelligenza artificiale.

Dopo aver ottenuto la laurea in ingegneria elettronica al Massachusetts Institute of Technology di Boston nel 1941ha lavorato nella divisione Radiation Laboratotory del MIT per poi passare alla Sylvania Electric Products, dove dirige gli equipaggiamenti elettronici per i militari.

Nel 1955, IBM organizzò un gruppo per studiare il riconoscimento del modello, la teoria dell'informazione e la teoria del circuito di commutazione, guidato da Rochester. [1] Tra gli altri progetti, il gruppo ha simulato il comportamento di reti neurali astratte su un computer IBM 704.

Nel 1955 John McCarthy, studente al Dartmouth College, si unì a Marvin Minsky proposero a Rochester ed a Claude Shannon di organizzare una conferenza sull'intelligenza artificiale e così con un investimento di 7.000 da parte della Fondazione la conferenza ebbe luogo a Dartmouth. Quella conferenza è oggi considerata una pietra miliare dell'informatica e l'inizio di quella sequela di ricerche, studi e lavori che sono alla base di quanto sarà asviluppato poi.

Dopo quella conferenza Rochester ha continuato a supervisionare progetti di intelligenza artificiale presso IBM, tra cui il programma di dama di Arthur Samuel, il Geometry Theorem Prover di Herbert Gelernter e il programma di scacchi di Alex Bernstein. Nel 1958 è stato visiting professor al MIT, dove ha aiutato McCarthy nello sviluppo del linguaggio di programmazione Lisp.

Nel 1960 pressioni da parte degli azionisti della IBM portano alla chiusura del programma di ricerca sull'intelligenza artificiale e comunque Rochester continuerà le sue attività sull'AI fino alla sua morte.

Kenneth E. Iverson (1920 - 2004)

Nasce il 17 dicembre 1920 a Cmrose, Alberta, Canada e muore il 19 ottobre 2004. Ricordato per aver creato il linguaggio di programmazione APL. Nel 1979 ha ricevuto il Premio Turing per il suo impegno pionieristico nei linguaggi di programmazione e notazione matematica.

Dopo la la Seconda guerra mondiale si iscrisse alla Queen's University di Kingston, nell'Ontario, laureandosi nel 1950 come miglior studente con una laurea in matematica e fisica.

Ha preso il il B. A. presso la Queen's University e il M.Sc. e dottorato presso l'Università di Harvard. Ha lavorato ad Harvard e po per IBM, Sharp Associates, e Jsoftware Inc

Howard Aiken ha sviluppato l'Harvard Mark I, uno dei primi computer digitali su larga scala, mentre Wassily Leontief era un economista che stava sviluppando il modello input-output dell'analisi economica, lavoro per il quale avrebbe in seguito ricevuto il premio Nobel.

Il modello di Leontief richiedeva grandi matrici e Iverson lavorava su programmi che potessero valutare queste matrici sul computer Harvard Mark IV. Iverson ha ricevuto un dottorato di ricerca in Applied Mathematics nel 1954 con una dissertazione basata su questo lavoro.

Ha definito lo studio sotto il professor Aiken "come un apprendistato in cui lo studente apprende ogni argomento più come punto focale per lo sviluppo di abilità come la chiarezza del pensiero e dell'espressione più che come fine a se stesso" e "la maggior parte degli studenti era impegnata in alcuni aspetti della progettazione e costruzione di computer come parte di un'impresa accademica".

Inoltre importanti per lui furono gli incontri Ad Harvard con Eoin Whitney e un suo collega Putnam.

Alan J. Perlis (1922 - 1990)

Nasce il primo Aprile 1922 a Pittsburgh, Pa., U.S. e muore il 7 Febbraio 1990 a New Haven, Conn. Matematico e informatico. Nel 1966 fu il primo vincitore del premio Turing, conferito dall'Association of Computing Machinery (ACM) e riconosciuto a livello internazionale come il più alto riconoscimento in informatica.

E' noto per la sua influenza nell'area delle tecniche di programmazione avanzate e nella costruzione di compilatori e fu una delle persone più importanti nello stabilire l'informatica come un campo accademico separato.

Si laureò in chimica al Carnegie Institute of Technology (ora Carnegie Mellon University) nel 1943. Dopo la la Seconda guerra mondiale ha conseguito nel 1949 un master e nel 1950 un dottorato in matematica presso il Massachusetts Institute of Technology, dove ha lavorato con il primo computer real-time chiamato Whirlwind.

Nel 1952 divenne professore di matematica e primo direttore del laboratorio informatico alla Purdue University.

Dal 1956 al 1960 è stato direttore del centro di calcolo al Carnegie Institute, dal 1960 al 1964 presidente del dipartimento di matematica e dal 1965 al 1971 presidente del dipartimento di informatica.

Nel 1957 fu nominato presidente dall'ACM per il comitato che doveva creare un linguaggio di programmazione per computer di livello superiore e nacque ALGOL, un nuovo linguaggio che fu la base del seguente Pascal, un linguaggio di programmazione scientifico ampiamente utilizzato.

Dal1971 al 1980 operò come professore di informatica alla Yale University, di presidente del dipartimento di informatica al California Institute of Technology e poi rimase a Yale per il resto della sua vita.

Nel 1982 scrisse "Epigrams on Programming" per le SIGPLAN Notices dell'ACM, che con semplici epigrammi descriveva la sua idea di programmazione. Afferamva come un anno trascorso nell'intelligenza artificiale fosse sufficiente per finire col credere in Dio.

Marvin Minsky (1927 – 2016)

Nasce a New York il 9 agosto 1927 e muore a Boston il 24 gennaio 2016. Matematico e scienziato esperto nel campo dell'intelligenza artificiale. Fu cofondatore dell'Artificial Intelligence presso il Massachusetts Institute of Technology (MIT) e autore di esperienze riguardanti l'intelligenza artificiale.

A New York dove frequentò la Fieldston School e la Bronx High School of Science. Si trasferì alla Phillips Academy di Andover (Massachusetts) e dopo il servizio militare nella Marina tra il 1944 e il 1945 conseguì la laurea in matematica all'Università di Harvard nel 1950 e un dottorato a Princeton nel 1954. Lavorò al MIT sin dal 1958 dove il suo ultimo incarico lo svolse con la cattedra di Professore di Media Arts and Sciences e col dottorato di elettronica e informatica al MIT.

Membro dell'Accademia Nazionale di Ingegneria Statunitense e dell'Accademia delle Scienze, vinse il premio Turing nel 1969, il Japan Prize nel 1990, il premio IJCAI per la Ricerca nel 1991 e la Medaglia Benjamin Franklin nel 2001.

Ha brevettato il primo display grafico da indossare (1963), il microscopio confocale a la prima versione del linguaggio di programmazione Logo. Nel 1951, costruì la prima macchina di apprendimento casuale a rete neurale elettronica, lo SNARC.

Scrisse il libro Perceptroni che divenne il lavoro fondamentale nel campo dell'analisi delle reti neurali artificiali. Fu consulente per il film 2001: Odissea nello spazio.

John McCarthy (1927 - 2011)

Nasce a Boston il 4 settembre 1927 muore a Stanford il 24 ottobre 2011. Grande informatico, ha vinto il Premio Turing nel 1971 per i suoi contributi nel campo dell'intelligenza artificiale.

A lui si deve il termine "Intelligenza Artificiale" coniato nel 1955 in una proposta per il convegno che si tenne nel 1956 al Dartmouth College, New Hampshire, USA.

Grande conoscitore della logica matematica ne utilizzò ic concetti per l'Intelligenza Artificiale.

Ha inventato il linguaggio di programmazione Lisp ed ha pubblicato diversi nel 1960 sul MAC al MIT.

Previde già nel 1961 come il time-sharing dei computer può condurre avrebbe ampliato le capacità e l'utilizzo dei computer, idea che poi ha avuto ampio sviluppo alla fine del secolo scorso.

Ottenne il Bachelor of Science in Matematica al California Institute of Technology nel 1948 ed il dottorato di ricerca in Matematica alla Princeton University nel 1951.

Dopo alcuni brevi lavori a Princeton, a Stanford, a Dartmouth ed al MIT divenne professore alla Stanford University nel 1962.

Alla Stanford continuò il suo insegnamento fino all'anno 2000 per poi diventare Professore Emerito come pensionato.

Si è dedicato molto sia in convegni e sia con i suoi scritti su tematiche mondiali anche politiche ed ha utilizzato efficacemente la rete per esprimere i suoi punti di vista, documenti e forum tutt'ora rintracciabili in rete per chi fosse interessato.

Aveva una visione ottimistica del futuro e considerava il progresso umano non solo positivamente ma anche sostenibile.

Allen Newelle (1927 - 1992)

Nasce il 19 marzo 1927 a San Francisco, California e muore il 19 luglio 1992 a Pittsburgh, Pennsylvania. Pioniere della scienza dell'intelligenza artificiale ha collaborato a lungo con Herbert A. Simon vincendo con lui il premio Turing, per i "contributi all'intelligenza artificiale, alla psicologia della cognizione umana e all'elaborazione delle liste".

Ha conseguito la laurea in fisica nel 1949 presso la Stanford University in California e nel 1950, dopo un anno di studi di matematica, all'Università di Princeton.

Passò alla RAND Corporation a Santa Monica, in California dove applicò tecniche matematiche alla ricerca operativa, alla teoria dei giochi e allo studio delle organizzazioni amministrative. Con Herbert Simon studiò come i computer potessero venir utilizzati per la soluzione di problemi umani e nel 1955 convinse la RAND a supportarlo mentre studiava con Simon al Carnegie Institute of Technology a Pittsburgh. Nel 1957 ottenne il primo dottorato in intelligenza artificiale dell'istituto.

Nel 1956 Newell e Simon e un collega della RAND, Clifford Shaw, realizzarono uno dei primi programmi di intelligenza artificiale denominato "The Logic Theorist" utilizzato per risolvere problemi di logica generale, come quelli trovati nei Principia Mathematica di Bertrand Russel del 1910.

Crearono IPL, Information Processing Language, per programmare l'intelligenza artificiale. Altro loro progetto fu il GPS, General Problem Solver pubblicato nel 1957. Il GPS con tecniche euristiche ed iterazioni per verificare la soluzione desiderata.

Nel 1961 entrò alla facoltà di Carnegie nel primo dipartimento di informatica degli USA dove studiava come pensano gli umani per la costruzione di sistemi che risolvono problemi reali, arrivando nel 1972, all'essenza della cognizione umana e la generazione ricorsiva dei pensieri dagli obiettivi e dei sub-obiettivi. Arrivò così all'applicazione di questo concetto ad un sofisticato programma di risoluzione dei problemi che chiamò Soar.

Edsger Dijkstra (1930 - 2002)

Nasce l'11 maggio 1930 a Rotterdam, e morì il 6 agosto 2002 a Nuenen. Importante scienziato informatico olandese, ha conseguito il dottorato di ricerca all'università di Amsterdam mentre era impegnato a lavorare preso il Centro Matematico di Amsterdam.

Come insegnante di matematica ha lavorato alla Technical Univeristy di Eindhoven dal 1963 al 1973 e all'Università del Texas in Usa dal 1984.

Noto per la sua soluzione al problema del percorso più breve tra molte variabili ed il cui algoritmo è ancora utilizzato per determinare il modo più veloce tra due punti della rete. Nel routing delle reti di comunicazione e nella pianificazione delle rotte nei voli aerei.

La sua ricerca sull'idea di mutua esclusione nelle comunicazioni lo portò a suggerire nel 1968 il concetto di semafori computerizzati, che sono usati praticamente in ogni moderno sistema operativo. Una sua lettera scritta nel 1968 fu estremamente influente nello sviluppo della programmazione strutturata. Ha ricevuto il premio Turing nel 1972

William (Velvel) Kahan (1933)

Nasce il 5 giugno 1933 è un matematico e scienziato informatico canadese ed ha ricevuto il Premio Turing nel 1989 per "i suoi contributi fondamentali all'analisi numerica". E' stato nominato ACM Fellow nel 1994 e inserito nella National Academy of Engineering nel 2005.

Ha frequentato l'Università di Toronto, dove ha conseguito la laurea nel 1954, il Master nel 1956 e il dottorato di ricerca nel 1958, tutti nel campo della matematica. Ora è professore emerito di matematica e ingegneria elettotecnica e scienze informatiche (EECS) all'Università della California, a Berkeley.

Ha contribuito allo standard IEEE 754-1985 per il calcolo a virgola mobile ed è noto come "The Father of Floating Point" in quanto è stato determinante nella creazione della specifica originali IEEE 754 per i calcoli con virgola mobile.

Negli anni '80 ha sviluppato il programma "paranoia", un benchmark che verifica una vasta gamma di potenziali bug in virgola mobile.

Ha sviluppato l'algoritmo di "sommatoria di Kahan", importante per minimizzare l'errore introdotto quando si aggiunge una sequenza di numeri in virgola mobile a precisione finita.

Ha coniato il termine "dilemma del dilettante" per il costo sconosciuto di arrotondare correttamente le funzioni trascendentali a un numero di cifre preassegnate.

Il teorema di dilatazione Davis-Kahan-Weinberger è uno dei risultati chiave nella teoria della dilatazione degli operatori spaziali di Hilbert e ha trovato applicazioni in molte aree.

Hewlett-Packard ha lavorato con Kahan per migliorare l'accuratezza degli algoritmi nel suo HP35.

Silvio Micali (1954)

Nasce a Palermo il 13 ottobre 1954 ed è professore d'informatica presso il Laboratorio d'Informatica e di Intelligenza Artificiale presso il MIT di Boston.

Ottenne il Ph.D. in Informatica all'Università della California a Berkeley nel 1983. nel 199 aa vinto il premio Gödel nel 1993.

Attualmente insegna informatica al "Computer Science and Artificial Intelligence Laboratory" del Massachusetts Institute of Technology di Cambridge (Massachusetts).

Le sue ricerche sono sempre state indirizzate alla crittografia e alla sicurezza informatica ed è famoso nel mondo scientifico per fondamentali lavori nel campo della crittografia.

Nel 2007 è stato chiamato a far parte dell'Accademia Nazionale delle Scienze degli Stati Uniti. È inoltre membro dell'International Association for Cryptologic Research.

Ha ricevuto il Premio Turing nel 2012 per i contributi che hanno permesso di gettare le basi della teoria della complessità nel campo della crittografia e per aver sperimentato nuovi metodi per la verifica efficiente di dimostrazioni matematiche nel campo della teoria della complessità.

Nel 2014 riceve il Premio Franca Florio conferito agli scienziati italiani nel mondo. Tra i suoi contributi particolarmente interessanti sono:

Oded Goldreich, Silvio Micali, and Avi Wigderson. Proofs that Yield Nothing But Their Validity, or All Languages in NP have Zero-knowledge proof systems. Journal of the ACM

Manuel Blum and Silvio Micali. How to Generate Cryptographically secure pseudorandom number generator-Cryptographically Strong Sequences of Pseudo-Random Bits (Generatore di numeri pseudocasuali crittograficamente sicuro), SIAM Journal on Computing.

Tim Barners-Lee (1955)

Nasce l'8 giugno 1955 a Londra. Matematico e scienziato informatico è considerato l'inventore del World Wide Web e, per questo motivo, importante nella nostra rassegna di personaggi per l'intelligenza artificiale.

Nel 2004 è nominato Cavaliere dalla regina Elisabetta II ed vince il premio "Millennium Technology Prize" della Finnish Technology Award Foundation.

Si è laureato nel 1976 all'Università di Oxford, ha progettato il software per la Plessey Telecomunications Ltd. In seguito ha ricoperto diversi incarichi nel settore informatico, compreso uno stage nel 1980 come consulente al CERN di Ginevra.

Al CERN sviluppò un programma "Inquire" che immagazzina informazioni in file con connessioni ("link") sia all'interno che con file esterni, una tecnica poi nota come collegamenti ipertestuali.

Lasciato il CERN ha lavorato per la Image Computer Systems Ltd, dove ha progettato vari software. Nel 1984 è tornato al CERN per lavorare alla progettazione della rete di computer del laboratorio, sviluppando procedure che consentivano a diversi computer di comunicare tra i vari ricercatori e di controllare macchine remote.

Nel 1989 ha elaborato una proposta per la creazione di un sistema di documenti ipertestuali globali che utilizzino Internet con l'obiettivo di dare la possibilità ai ricercatori di condividere i loro risultati senza dover scambiare continuamente e-mail.

Con questo metodo i ricercatori avrebbero potuto caricare le loro informazioni "online", dove i loro colleghi potevano scaricarle in qualsiasi momento, era la moderna rete internet con i suoi Blog!

Scrisse il software per il primo server Web e il primo "browser" tra l'ottobre 1990 e l'estate del 1991. Nel 1994 ha fondato il World Wide Web (W3) al MIT. Nel 1999 divenne il primo titolare della cattedra 3Com Founders al Laboratory di Computer Science. Ha vinto il Charles Stark Draper Prize e insieme a Mark Fischetti ha pubblicato "The Original Design and Ultimate Destiny of the World Wide Web".

www.ingramcontent.com/pod-product-compliance
Lightning Source LLC
LaVergne TN
LVHW030217230826
846093LV00011B/500